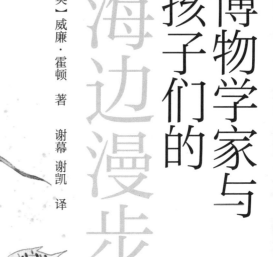

【英】威廉·霍顿 著

谢幕 谢凯 译

博物学家与孩子们的

海边漫步

U0241184

江苏凤凰文艺出版社
JIANGSU PHOENIX LITERATURE AND
ART PUBLISHING

图书在版编目 (CIP) 数据

博物学家与孩子们的海边漫步 / (英) 威廉·霍顿著；
谢幕, 谢凯译. -- 南京：江苏凤凰文艺出版社, 2025. 1
ISBN 978-7-5594-8673-8

Ⅰ. ①博… Ⅱ. ①威… ②谢… ③谢… Ⅲ. ①自然科
学—青少年读物 Ⅳ. ①N49

中国国家版本馆 CIP 数据核字 (2024) 第 098710 号

博物学家与孩子们的海边漫步

(英) 威廉·霍顿 著 谢幕 谢凯 译

出 版 人	张在健
责任编辑	朱雨芯
助理编辑	汪子昕
责任印制	杨 丹
出版发行	江苏凤凰文艺出版社
	南京市中央路 165 号，邮编：210009
网 址	http://www.jswenyi.com
印 刷	苏州工业园区美柯乐制版印务有限责任公司
开 本	787 毫米 × 1092 毫米 1/32
印 张	6.625
字 数	130 千字
版 次	2025 年 1 月第 1 版
印 次	2025 年 1 月第 1 次印刷
书 号	ISBN 978-7-5594-8673-8
定 价	49.80 元

江苏凤凰文艺版图书凡印刷、装订错误，可向出版社调换，联系电话 025-83280257
如对内容有意见或建议，可向编辑部反馈，联系电话 025-83280207

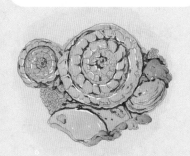

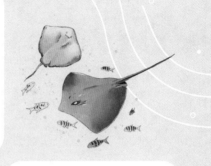

漫步一

到海边了

我们来到了海边，能在海边度假真是太开心了！现在正值炎热的七月，但是我们已经离开了热气腾腾的街巷、尘土飞扬的道路和乡间已经干透的田地，来到海边畅快地呼吸清新的空气，享受轻柔的海风。在每天的海边漫步中，我们将在岸边发现多少奇形怪状的海洋动物和海洋植物啊！

在海浪比较平静的时候，带着威利和杰克去海里游游泳，那多么让人愉快啊！我们住在一个名叫朋撒的小村庄，从那儿我们可以很轻松地到里尔、康韦以及兰迪德诺等地参观，可以在其中任何一个地方逗留几个小时，到晚上再回到住处。

"真不错，"威利说，"这个假期肯定会让人非常愉快的。我要去海边寻找海葵，我在家里的书上看到过它们的图片，非常漂亮。我还要在海边寻找贝壳、海虫和其他海洋生物。

梅会去收集海藻，把它们晒干后带回家慢慢观察。杰克也肯定会找到一些让人好奇的东西。小亚瑟和罗宾可以在沙滩玩堆沙塔的游戏。"

是的，在海边我们一定能找到很多让我们感兴趣的东西，从中我们能够获得愉悦和教益，因此我们应该立即出发去海边。我要带上我的捕鱼篮和几个广口瓶，还要带上我的植物采集箱；而威利、梅和杰克则必须每人带一个结实的细布网，以便在退潮后形成的水洼里捕鱼或捕捞其他小型甲壳动物。

在海边，我们很快就找到了各自的乐趣。潮水已经退了一半，有很多成年人和孩子在海边散步。有些孩子在挖沙子或把石头扔进消退的潮水里。现在，让我们一起来找找，潮水把哪些东西留在了海岸上。你会观察到

海藻

潮水涨到了什么位置，还有它消退后留在海岸上的各种垃圾——一团一团的海藻、枯枝和朽木，还有从蒸汽轮船上抛下来的煤渣、相互纠缠的纤维状物质，以及其他一些我也不认识的东西。

"哇！"杰克叫了起来，"这儿有一些很奇怪的东西缠绕

成一团，我猜它们肯定是海藻。你看是什么，爸爸？它们是没有生命的，对吗？"

让我来瞧瞧。你所说的海藻，毫无疑问，在大多数海边游客看来，只不过是肮脏的垃圾而已，然而它们却包含了众多美丽而又具有启发性的观察对象。

鲨鱼下的蛋

现在，让我们来看看是什么东西吸引了杰克的注意。噢！这都是我很熟悉的东西，与此形似的东西在每一处海滩上都很常见。你手里拿着的像皮革一样的椭圆形的东西是鲨鱼卵的空壳。

"鲨鱼卵！"梅吃惊地说，"噢，我没想到有任何生物的卵会长成如此奇怪的样子。"

大多数鲨鱼都不会产下这些角质的卵，而是直接生出小鲨鱼。不过，有些鲨鱼会产下这种长相奇怪的卵，每一枚卵里面都孕育着一条小鲨鱼。杰克手里的那枚卵膜大约有 3 英寸（1 英寸 =2.54 厘米）长，两端各有一个把手状的东西，每个把手处都长着长长的卷须。

你们看，这枚鲨鱼卵的外壳多硬、多有韧性。它利用长长的卷须把自己缠绕在海藻或珊瑚上，牢牢地固定起来，避免被汹涌的海浪冲走，直到密封在里面的小鲨鱼准备好孵化出来为止。

"爸爸，"威利说，"我肯定在你的一些书中看到过这些东西的图片，我认为沿海居民有时会把它们叫作'美人鱼的钱包'。"

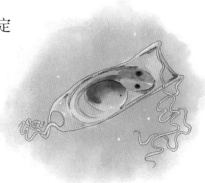

鲨鱼卵

孩子，你说得完全正确。有些鳐鱼或魟的角质卵跟鲨鱼卵有几分相似，它们因为外形酷似手推车，所以通常被称为"手推车鱼卵"。

"可是，爸爸！"梅说，"这就是我们在书上看到的那种经常把从船上掉进海里的水手咬死的凶猛的鲨鱼的卵壳吗？"

不，它不是，你现在看到的是少斑狗鲨的卵壳。

"我以为你会说它是一枚鲨鱼卵。"杰克说。

狗鲨也是鲨鱼大家庭中的一个成员，一般来说，鲨鱼大家庭中的所有成员在体形及结构方面都比较相似。用狗鲨、星鲨、糙皮猎犬鲨等用来区分不同种类的名字，都显示出它们贪婪的习性，这些名字也与它们总是成群结队地围捕猎物这一习性相符合。

鲨鱼和你们都很熟悉的其他鱼类的主要区别，在于鲨鱼颈部的每一边各有 5 条裂缝，它们被称为鳃裂或鱼鳃。在大多数其他鱼类身上，鱼鳃都被鳃盖骨或鳃盖保护着。在这种

角质卵壳的每一端都有一条细长的裂缝，海水通过裂缝进入卵里面，没有裂缝的卵就不能发育成一条小鲨鱼，并且小鲨鱼也是通过靠近头部的那条裂缝钻出来的。

刚孵化出来的小鲨鱼跟其他鱼类的幼体一样，在它们的腹部下面连接着一个含有卵黄的球状膜囊。在小鲨鱼的嘴发育到能够咬住猎物之前，它们都是通过这个球状膜囊把营养输送到自己身体里的。

鲨鱼

鲨鱼牙齿

"鲨鱼的牙齿不是非常可怕吗？"威利问，"它不是具有强大的咬合力吗？"

是的，整个鲨鱼家族成员的牙齿都非常锋利和尖锐，但是不同种类的鲨鱼在牙齿的形状上也有很大的不同。它们的上颚和下颚各长有数排牙齿。在很多年前鲨鱼的牙齿曾被当成蛇牙，用来镶嵌在白银里，然后拿给孩子们磨牙，因为人们认为它们拥有某种特别的、令人着迷的特性，你们是不是觉得很有趣？

脑袋像锤子的鲨鱼

梅想知道我是否曾经见过锤头鲨，她还想了解这种在温暖海域里给水手带来巨大威胁的凶猛鲨鱼是否会游到我们所在的海边。杰克则问我在海边任何地方见过的最大的鲨鱼是什么。我从来没有见过这种奇怪的锤头鲨的标本，而且我相信它通常都不会游到我们所在的海边来。我也只是从图画和文字描述里对它们略知一二，据说这是一种凶猛的海洋生物，它们会攻击游泳者。

根据测量，这种锤头鲨有的长达七八英尺（1 英尺 =30.48 厘米）。我相信它在地中海里并不罕见。或许我们应该感到欣慰的是，在西印度群岛周围海域及其他热带国家的海洋里给

锤头鲨

游泳者带来巨大恐惧的大白鲨，在我们的海岸附近还没有被发现。有一起或两起关于大白鲨伤人事件的报道已经发表出来，但是我对这些报道的真实性表示很大的怀疑。我所见过的最大的鲨鱼是一只大青鲨的标本，它大约有 6 英尺长，是多年前在英国滕比被渔民捕获的。

"爸爸，这一团缠在一起的东西是什么？"梅问，"你刚才说它不是海藻。"

好吧，我们用我手里的放大镜来观察，这样可以把它看得更清楚。我先从上面摘一截像线一样的东西，现在你们看到它是分岔的，就像一棵很小的树一样。你们要注意看，每一个分支上都长着一些像小杯子一样的细芽。现在它们是空的，但曾经被很多小水母状的、被称为珊瑚虫的生物占据着。这儿有一截更大的，看，它多漂亮啊！它被称为海杉木珊瑚。

让我们再来观察一下这团纠缠在一起的东西。这里有一块非常好的松鼠尾珊瑚，它是从某只牡蛎或其他软体动物的壳上被海水冲断的。当它在水中漂浮时看起来非常漂亮，就像松鼠的尾巴一样。

"曾经居住在这些小孔里的细

珊瑚

微生物长什么样呢？它们和我们在乡村漫步中经常看到的淡水水螅虫很像吗？"威利问。

当然，它们之间具有密切的家族相似性。但是，你们要记住，淡水水螅虫没有起保护作用的外壳，它们能够在水中自由地游来游去，而生活在这些角质分支里的水螅虫是群居的，而且直到它们处于成年阶段之前，都不能自由地移动。

啊！看我找到了什么？竟然是线珊瑚，事实上，我的确认为在这些小孔里有一些活着的珊瑚虫。我要把一段珊瑚放进我的装着清澈海水的瓶子里，那样你们就可以看到这些珊瑚虫在里面挤出它们小小的脑袋。

你们看，这块珊瑚连接在一片海藻上。考奇先生告诉我们，他曾在一只角鲨的背部和尾鳍上发现过一些最漂亮的珊瑚样本。这个品种的珊瑚上的小孔呈钟形，里面住着的水螅虫和淡水水螅虫外形相似，你会发现每一个角质小孔都有它们向外伸出的众多触手。

长着好多"手"的水螅

　　"那些居住在这些小'房子'里的动物是哪种动物呢？"威利问。

　　它们所属的类别被称为水螅纲，这个单词专指水生动物，它的意思非常不明确，但是当博物学家使用这个词的时候，就是专指一种微小的水母状动物。这种动物的身体可以收缩，在嘴的周围有很多条用来捕捉食物的触手。它还有一个胃。

　　目前我所说的这些已经够你们记忆的了。水螅纲包含众多的家族，成员种类繁多。它们是非常有趣的微小动物，所以我们要收集很多这种可能会被别人称为"垃圾"的东西，在我们回家后，通过显微镜观察，我们要尝试着叫出它们的名字。

　　这里还有一团腐烂的东西。它不过是一团肮脏的、像软骨一样的白色物质，包裹着一段大约半英寸长的珊瑚枝。在放大镜下面，我注意到它的表面被细小而平滑的锥形赘生物覆盖着，但是不像水螅虫或珊瑚虫。如果把它放进水中浸泡一会儿，再拿到显微镜下观察，我们就会看到，这些赘生物的各个部分都会伸出一串串长长的触须。

乍看之下，我们可能会认为这种结壳的活生生的块状物与我们刚才发现的水螅虫及拉俄墨狄亚水螅虫有着密切的联系，但是这样认为是错误的，因为你会发现这些群居的生物比水螅虫要高级得多，身体结构也更复杂。这种微小的生物被命名为苔藓虫。大家应该还记得，去年夏天我们在乡村漫步中已经发现了这种生物生活在淡水中的种类。

水螅

漂亮的玉螺

哇，杰克！你又找到什么了？

"爸爸，我真的不知道，它像一条宽宽的马蹄形的带子，看起来好像是用果胶和沙粒做成的。我看到它软塌塌地躺在岸上。"

"让我看看，"梅说，"如果你举起它对着阳光，你会看到它几乎是透明的，而且表面上也布满了许许多多棱角分明的空隙。它是什么，爸爸？"

它是一只外壳非常漂亮的软体动物产下的卵块。你可能经常在海边捡起这些外壳，它们很常见。你把这块弯曲的卵块好好拿在手里，我敢说我很快就会为你找来一块这样的外壳。

"但是，它究竟是什么样子的？"威利问，"单壳类的还是双壳类的？"

它是单壳类的，外壳具有漂亮的浅棕色光泽，上面还点缀着深色条纹和斑点。

"噢！"杰克说，"这应该就是你所说的东西，它和你的描述完全符合。"

非常正确，孩子。这就是产下那些让人好奇的卵块的动物的外壳。这种动物的名字叫玉螺。现在我们看到的是一个空壳，但是如果我们在沙滩上挖，我敢说一定会找到活着的玉螺。据说，这种动物非常贪吃。为了吃到其他软体动物藏在壳里面美味的鲜肉，它们会在猎物的外壳上钻一个圆孔，然后把舌头伸进去，把猎物的肉吃掉。我们把这块带状的卵块带回我们的住处，试试看能否成功地孵化出一些小玉螺。

玉螺

海鼠不是鼠

"噢，爸爸！"梅大声喊道，"我真的没有想到这里会有一只海鼠躺在海滩上，但是，我不太喜欢碰它。"

你说得很对，梅，你看到的那只动物的确是海鼠。这种动物比起活跃的、恒温的、四条腿的老鼠来说，要低级得多。事实上，它是一只蠕虫。

"爸爸，"杰克说，"我不认为它和蠕虫很像，你看，它跟我们在钓鱼时当作鱼饵的蠕虫一点儿也不像。"

毫无疑问，杰克，海鼠跟我们常见的蠕虫一点儿也不像，但是从其内部结构来说——等你再长大些，当你有能力自己去观察时，你就会发现——它的确是一只蠕虫。

让我们好好观察一下。它有一个椭圆形的身体，长3英寸—4英寸，身体呈暗淡的泥土色，从背部向下长着细腻柔滑的毛发，在身体的两边长有数排坚硬的黑色短硬毛，在这些短硬毛中间还长着约1英寸长的长绢毛。现在，我把这只动物以不同的角度对着阳光，你们看，它的毛发多么灿烂而具有金属光泽啊！橙色和绿色多么丰富啊！在它背部柔滑的毛发下面，我看到有好几对鳞片。

海鼠

我打算把它翻个身看看。看，它的腹部被分成了若干个横向的环，我可以数出来，总共大约有 40 个。现在，你们要记住这种划分成环的情形。每一个环都是在边缘形成短的肉质叶时产生的，上面长着三重硬毛，借助于这些组织，海鼠能够游动或爬行。这些硬毛是海鼠拥有倒刺的神奇"武器"，能给软组织造成严重的创伤。更让人觉得不可思议的是，这些"武器"能够收回到各自的护套内。

我们现在正在观察的这只海鼠拥有绚丽的色彩，但是，这可怜的小东西，它被海浪冲来冲去，已经被折磨得不能展现它最佳的状态了。我见过的状态最好的几只海鼠是在人们清淤时抓到的。我记得那是在几年前，当我在格恩西岛上时，人们在拖网的时候捕获了几只颜色鲜亮的这种家伙。

海鼠捕食其他动物，偶尔也会蚕食同类。莱墨·琼斯先生曾在一只水族箱里养了两只海鼠。在相安无事地相处了两三天后，较大的那只海鼠袭击了较小的那只海鼠，并试图把对方吞食下去。

当时，琼斯先生看到较小的海鼠已经有一半的身体被吞进了大海鼠那强有力而宽大的嘴巴里，与此同时，受害者还在拼命地挣扎，企图逃走。然而，在咬住猎物一段时间后，捕食者又不得不把猎物吐出来，但是猎物的背部已经被咬碎了。

第二天早上，那个可怜的家伙只剩下了半个身子，其他部分已经被吃掉。现在，胜利者正反复地献出它的"吻"，以便把它剩下的、掉在角落里的美餐全部吃掉。到目前为止，我们找到的观察对象的数量并不多，但是它们都非常有趣，而且，对那些有意仔细观察它们结构的人来说，它们还会展现更多有趣的东西。

那边有一位捞虾的老妇人，她网里的东西对任何一位博物学家来说都是一座宝库。我们另外找时间和她聊聊，并且仔细观察一下她网里的收获。现在，我们先回到住处，认真观察我们今天找到的东西。

漫步二

自带"吸管"的贝

今天，海浪比较低，因此在退潮前我们先沿着海滩漫步几个小时。有几个人在沙滩上走着，但是他们对海滩上的东西一点儿也不感兴趣。现在，梅正在寻找贝壳，她把捡到的贝壳放进篮子里，然后跑过来拿给我看，看我是否能叫出它们的名字。

好，看看你都找到哪些种类的贝壳？这是很常见的粉红樱蛤壳，你几乎每走一米就可以找到一些。它们的外壳很光滑，通常富有亮丽的光泽。这些是竹蛏壳、蛤蜊壳、海笋壳、钝蛤壳、截形斧蛤壳、鸟蛤壳，还有贻贝壳。

"爸爸，"杰克说，"这些贝壳都是空的，我们找到的贝壳大多数都是单瓣的。不过，有时候我们也会找到两瓣连在一起的贝壳，把它们合起来就是一个漂亮的小盒子。那些居住在这些贝壳里的动物在哪里呢？"

这些软体动物生活在泥里或沙里，通过挖掘你可能就会挖到几只。它们的身体呈柔和的米色，长着两条几乎等长的虹吸管，还穿着一件漂亮的带有边饰的"外套"，不过你必须先把这种动物放在水里才能观察到这些东西。

"那些虹吸管有什么用啊？"威利问。

虹吸管不过是这种动物身上的"外套"延伸而成的管子，其中一根管子吸入海水，另一根管子则是在海水通过它自身的鳃或肺部之后再把海水排出去。这个贝壳薄得像纸一样，很容易破碎，它就是粉红樱蛤

伸出虹吸管的贝

的壳。你们看，它质地细腻，具有纯白色的光泽，表面因为布满了横向鳞片隆起而凹凸不平。

蛤蜊一词源自希腊语，意思是"隐藏起来"，暗指这种动物生活在泥炭、淤泥、泥土、朽木以及石头洞穴里。

"可是，爸爸，"杰克说，"这种动物的壳如果脆弱——你看，我用手就可以轻易把它们弄破——它们怎么可能在坚硬的岩石上挖洞呢？"

你提出了一个令人费解的问题，我相信，关于这个问题人们至今仍然持有很多不同的意见。首先，我要告诉你这种动物长什么样。它的身体就像一根粗短的棒子，长着较大的

扁平足，还有一对在壳外联结成一体的虹吸管。

我已经说过，这两根虹吸管是呼吸器官，一根吸进海水，另一根排出海水。把这种动物或其他任何拥有这种呼吸虹吸管的软体动物放进装有微小颗粒物质的有水容器中，我们就有可能看见它们在呼吸的时候形成的水流：水被一根虹吸管吸进去，然后从另一根虹吸管里排出来。

"但是你还是没有告诉我们，像樱蛤这么脆弱的软体动物是如何在坚硬的岩石上钻出洞来的。"威利说。

我首先列举人们已经给出的各种解释。有人说，这些软体动物借助于外壳瓣膜的不停旋转来钻洞，就像螺旋推进器一样；有人说，这些洞是由散布在这些软体动物外壳上的硅质颗粒打磨形成的；有人说，这些洞是由它们身上的纤毛不停摆动所形成的水流冲击形成的；也有人说，这种动物能够分泌出一种酸，把它要钻孔的东西溶解掉；甚至还有人说，这些洞是在某种酸的腐蚀和外壳瓣膜的旋转的共同作用下被钻出来的。我自己的看法是，这些洞是由这些软体动物的肉足通过重复简单的动作打磨出来的。

"不过，"梅说，"我仍然感到困惑的是，像海蜗牛的肉足那样柔软的东西竟然能在坚硬的石壁上磨出洞来。"

的确如此，你要记住，时间能创造奇迹。你看这块石头上的空洞，它们是帽贝在一个位置不停地移动它们那柔软的肉足磨出来的，只要时间够长，帽贝依附的那个地方的岩石就会被磨掉。

"对了，爸爸。"杰克说，"这让我想起了我曾经在普勒斯顿的运河桥下看到的情景。你知道，在石桥下的桥墩周围有一些保护桥墩的铁柱，上面有好几道由马在牵引驳船时绳子摩擦出的沟槽，那是柔软的绳子在坚硬的铁柱上磨出来的沟槽。"

你说得不错，杰克，你说的例子是最好的证明。只要时间足够长，柔软的绳子也可以把坚硬的铁柱磨出沟槽，所以我相信樱蛤的肉足通过在石头上长时间不停地摩擦，终会磨出一个洞来。

贪吃的海鸥

你们看，海鸥掠过海面的身姿看起来多么优美啊。它们一会儿展翅高飞，一会儿又迅速地冲向海面，几乎在就要碰到海面时又迅速地飞起来，似乎可以轻易地快速飞到高空。

"爸爸，"梅说，"我记得你说过，在不久以前，当海鸥和其他海鸟处于繁殖季节时，射杀它们是不合法的，这些可怜的海鸟肯定很享受它们的假期。"

是的，这些海岛被法律保护起来，我感到很欣慰。不过，我希望那些在我们的乡村小道上及田野里觅食昆虫的鸟类也同样受到法律保护。我们的政府关闭了出售海鸟的市场，这当然是一个好消息，但是我认为还应该通过立法保护陆地上的鸟类。

我喜欢听到海鸥充满野性的叫声，也喜欢欣赏它们轻快的身姿。海鸥是非常贪吃的鸟，能够吞下大块大块的食物。我记得多年前居住在布罗克顿的约翰叔叔养过一只温顺的海鸥，他亲切地叫它吉姆。有一次晚饭后，我们把头伸出窗户，呼唤吉姆。很快，这只鸟儿就会用叫声回应我们。如果它饿了，它的叫声听起来会明显不一样。不一会儿，吉姆就飞到我们的窗前，我们把带肉的骨头扔给它吃。吉姆总是把大块的骨头囫囵吞下。

海鸥

有时候，我们也用铁制捕鼠夹抓老鼠。吉姆非常喜欢吃老鼠，它先用强有力的喙把老鼠的骨头啄碎。当它认为老鼠已经足够柔软之后，它会叼起老鼠，把头抬得高高的，然后连续吞咽四五次，就把老鼠整个儿地吞进肚子里。

后来，吉姆找到了比老鼠更美味的食物，经常有小鸡或小鸭丧命于它那宽大的喉咙，吉姆也因此受到严格的看管。我不知道后来吉姆怎么样了，它在约翰叔叔去世前不久死了，至于是自然老死还是被捕杀，我就不得而知了。在这只鸟儿死后，它生前经常嬉水的那条小河被人们称为"吉姆的河流"。

喜欢钻沙的鱼

哇！你们看，岸边的沙子里有好多小鱼都把头露了出来，看起来多有意思啊！

"的确有好多小鱼，那些离海水很近的鱼还活着，但是那些离海水较远的鱼都死掉了。它们是什么鱼，爸爸？"威利问。

这些小鱼叫玉筋鱼，是一种看起来很漂亮的鱼。玉筋鱼分为三种，都生活在靠近海岸的浅水处的沙子里。现在我们看到的是个头较大的和个头较小的两种玉筋鱼。你们看，整个岸边都是它们的身影，其中有成百上千条已经死去。海水已经消退了，这些活着的鱼儿在等待着海水涌回来。

我相信那些死去的玉筋鱼是被火辣辣的太阳晒死的。那些靠近水边的玉筋鱼仍然表现出旺盛的生命力，海水刚刚离开它们。威利想知道是否有人会吃这种鱼。的确，有些人把玉筋鱼当成一种非常美味的食物。我认为，从它们的外形来判断，它们的味道应该是不错的，不过我从来没有吃过。这些鱼在湿沙中可以快速移动，但是当湿沙被太阳晒干后，它们便无法移动了。玉筋鱼是渔民钓马鲛鱼时最喜欢使用的鱼饵。

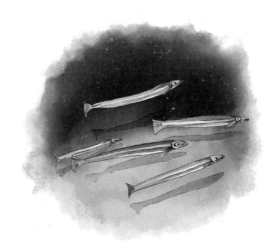

玉筋鱼

笔帽虫 用沙造房子

"爸爸，你看，"梅说，"这根精致的细小沙管是什么？它大约有1英寸长，两头都是空的，像一根微型的烟囱一样。"

这是一种被称为比利时笔帽虫的非常有趣的小蠕虫建造的沙屋，我可以把它从沙管里拉出来。出来了，你们看，它头上长着一簇闪亮的硬毛，像梳齿一样排列着。这种虫子的头部除了梳齿状的硬毛外，还长着很多触须。我们多找几只这样的虫子。它们的沙管一端浅浅地埋在沙子里，总是直立向上。

"可是，爸爸，"杰克说，"这种小小的蠕虫是如何建造出如此精致的像纸一样薄的沙管的呢？"

笔帽虫

它先用它那可以分泌黏液的触须来挑选沙粒，然后，再把沙粒黏在沙管上部的边缘处，就像建筑工人砌砖块一样。

"照你这么说，"梅说，"这种虫子跟我们家乡运河水草上到处都是的蛱蝶倒是很像。"

确实如此。它们的沙管都是朝上建造的，除了向上的一端可以不断地增高外，另一端始终保持最初的样子。沙管的大小刚好适合建造者居住在里面，留下的空隙甚至连一粒细沙也塞不进去。这种沙管通常长 1 英寸左右，不过也有个别的更长一些。约翰·戴利埃尔爵士曾说他看到过一根长达 5 英寸的沙管，里面的蠕虫也几乎与沙管一样长。不过，我认为他见到的蠕虫和我们现在看到的不是同一种。

鲈鱼的尖刺

你们看，那位捞虾的老妇人就在我们前方大约 200 米的地方。她正用她的虾网在水里面捕捞着，我们要趁她还没有把网里的"垃圾"扔掉之前赶过去。

"您好，老太太，收获怎么样？捞到多少虾？请把您的虾网拿给我们看看，好吗？""还行吧，"老妇人说，"你们都是大好人，买 6 便士（英国的一种货币，类似于中国的"分"）的虾吧。这些虾非常新鲜。"

"好的，我们本来就打算买一些，不过我们要先看看你的虾网里除了虾还有其他什么东西。""嘿，小伙子，别碰那些令人讨厌的东西。"老妇人赶紧用声音阻止威利，他正准备用手去抓虾网里的一条鱼。她接着说："你会被它刺得哇哇大哭的。"

这样好了，我们把虾网里的鱼倒在沙滩上，那样我们就可以仔细地观察它们而不用担心被刺到了。这是条较小的鲈

鱼，在我们所有的海边都很常见
的一种鱼。这条鲈鱼大约
有4英寸长。

"它是如何刺人的？"
杰克问。

你注意到它背部的黑
鳍上有一些尖刺吗？那就是

鲈鱼

它的武器。毫无疑问，被它刺伤后会产生剧痛，并且皮肤会
红肿。你还注意到这种鱼的嘴部微微上翘吗？它通常把自己
埋在沙子里，只把头露出来。

这种鱼的嘴形对于咬住那些它想吃掉的、又游动到它嘴
边来的任何生物来说，具有让人惊叹的绝佳构造。对于任何
触摸它或靠它太近而让它感到恐惧的生物，它会发起猛烈的
攻击，无一例外地都会体现出让人惊叹的精准性与娴熟性。
哪怕你只是触摸一下它的尾部，它也会迅速地转身发起攻击，
在你的手还没有来得及缩回去时，就已经受到重创，而它本
身不会受到任何伤害。被它的刺刺破皮肤后产生的疼痛犹如
被马蜂蜇伤一般。

不过可以肯定的是，它的尖刺并不会渗出或排出毒液，
伴随着尖刺刺入皮肤而产生的疼痛是让人难以忍受的，疼痛
感在几分钟内便从手部延伸到肩膀。有一次，一位渔夫钓起
一条鲈鱼，当这位鲁莽的渔夫直接用手抓住它时，手掌瞬间

产生的剧痛使他立即甩掉了这条鱼。没有吸取教训的另外两位渔夫也先后直接用手去抓钓起来的鲈鱼，他们无一例外地都被刺得疼痛难忍。

事实上，在被鲈鱼刺伤后，缓解疼痛的方法非常简单，只要把被刺伤的部位和海沙相互摩擦即可。我还必须提醒你们注意，在鲈鱼的鳃盖上，还向后长着两条可怕的长刺。毫无疑问，被它们刺伤产生的后果会更加严重。有一种个头较大的鲈鱼经常出现在不列颠的某些海域，它们一般有 1 英尺长，喜欢生活在较深的水域。这种鲈鱼被称为大鲈鱼或菖鲉。

法国人特别喜欢吃这种鱼，并称赞它们的味道非常棒。在渔民把这种鲈鱼拿到市场上出售之前，警察会要求渔民必须把那些可怕的刺切掉。

"死人的手指"

"爸爸，虾网里那又白又厚的东西是什么？"

这是一种类似植物的海洋动物，通常被称为"死人的手指"。虾网里还有一些较小的比目鱼、小螃蟹、海藻，以及几只海星。我们把虾网里老妇人不要的东西挑一些带回去，然后向老妇人买6便士的虾，另外再给她6便士，因为我们耽误了她很长的时间。好了，我们向她道别吧。

"真是可怕，这种海洋动物竟然叫'死人的手指'！"杰克说。

的确有些可怕。我们看到的这个样本又长又厚，身体呈长方形。不过，有时候它们可以分成多个指状分支。现在，它看起来非常无趣，也没有一点儿生命迹象。不过，我要把它放进装着清澈海水的最大号的玻璃瓶里再观察几分钟。

现在你们来看，在它身上有一些小星星一样的水螅虫伸出来了。用这把放大镜来观察，你们会看到每只水螅虫都有

一个明晰的圆柱形身体，长着一
个带 8 条触须的漂亮的花朵状
小嘴。现在，整块东西上都
密密麻麻地开放着生机蓬勃
的微型花朵。如果这种奇观
都不能让人感到惊讶，我不
知道还有其他什么东西可以。

海鸡冠，这是"死人的手
指"的学名，这是一个很好的复
合水螅虫的样本。跟水螅虫一样，

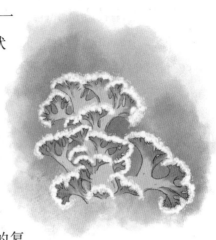

海鸡冠

海鸡冠里的每一只水螅虫都是通过它嘴边的 8 条触须来捕捉
食物的，它们的嘴就位于花朵的正中央。

当我突然摇动瓶子时，你们看，每一只水螅虫都迅速地
缩回自己的孔洞里，所有小花朵都瞬间消失。现在，这只海
鸡冠看上去就是一团死物，看不到任何生命迹象。镶嵌在这
块肉乎乎的东西里的是一些奇怪的东西，它们被称为骨片。
如果没有高分辨率的显微镜的帮助，用肉眼是无法看到它们
的。如果我从这块物体上切下一块薄片，把它放在玻璃片上，
用少量腐蚀性的钾溶液把它的肉质部分溶解掉，然后再把它
放在显微镜下观察，就可以清楚地看到这些钙质骨片。

我们眼前这个海鸡冠个头较小，要想捕捞到个头大的样
本必须去深水区，因为它们喜欢生活在深水区。海鸡冠通常

会依附在老年牡蛎的壳上。当海潮消退后，有很多水母都会留在海岸上。虽然现在它们看起来非常无趣，但在风平浪静的夏日，观看它们在海水中游动的确是一件令人赏心悦目的事。在下次来海边时，我们要多注意它们。

夏日傍晚令人愉悦，

潮水退却，留下广阔的海岸，

在精致而美丽的海滩上稍作停留，

海上一片平静，岸上万籁俱寂。

海洋的物产还有待探索，

随波漂浮或在岸上翻滚，

阳光会灼伤鲜活的水母，

像有毒草一样猛烈。

有些大如轮盘，

有些小到可以穿过女士的戒指。

它是大自然的作品，

人类的艺术无法与之相比，

柔弱、灿烂，它们光芒无法掩藏，

它们所到的地方，月光更加明亮。

漫步三

"大嘴"海葵

今天，我们将乘火车去科尔温，从那里沿海岸一直走到远在罗斯芬尼奇的鱼堰，去拜访佩里·伊文斯先生和观察他那条有名的叫杰克的小狗捕捉鲑鱼。

"哇!"孩子们欢呼雀跃起来，"这趟旅行肯定非常有趣。我们要带上篮子和瓶子，把我们抓到的喜欢的东西装在里面带回家。"

就这样，我们从朋撒乘火车出发了。当火车行驶了大约2英里（1英里约为1.6千米）的路程后，我们到达一个令人难忘的地方，那里在几年前发生了可怕的事故。除了躺在路基一侧的石头外，如今没有保留任何东西标记出当时发生事故的确切位置。

我们很快就经过了这个地方，但是我们不能忽视那次可怕的灾难的场景以及它带给我们的深思。在穿过了一条隧道后，火车开始沿着海岸前行，窗外是平静、湛蓝、清澈的大海。孩子们在一起喋喋不休地谈论着那条小狗如何抓捕活鲑鱼。我自己则在猜测，在潮水退去后，会有哪些鱼类和其他海洋生物被拦在鱼堰里。虽然不是生活在海浪上，但是在它附近的某个地方，我可以研究各种各样的海洋生物，呼吸着令人心旷神怡的海风——有时候是温柔的微风，有时候是猛烈的风暴。

> 每一条小溪和每一处海湾都很热闹，
> 里面有无数的鱼群。
> 它们舞动鱼鳍，鱼鳞闪亮，
> 在绿波里畅游。
> 有些单个，有些结队，
> 忽而穿梭于水草中，
> 忽而穿梭于珊瑚丛林，
> 忽而跃出海面，
> 向太阳展示它那金黄的外衣；
> 或安心于珍珠般的贝壳里，享受美味的营养大餐，
> 或在岩石下静静地进食，
> 或与拥有完美身线的海豚玩耍。
> 海豚们尽情地跳跃，
> 每一次都跳得很远。

"科尔温站到了，科尔温站到了。"一种大声的但又模糊

不清的声调——铁路工作人员总是用难以理解的语言报出站名——把我从遐想中唤醒，我们很快便踏上那条沿着海岸的通往佩里·伊文斯先生在罗斯芬尼奇的鱼堰的路。不过，我们要走的路程超过了 1 英里，要走很长一段时间。一个沿着海边走的人，怎么可能不经常停下来观察那些吸引他的东西呢。

在靠近铁路路基的地方，长着一些看起来很奇怪的植物。它们在最干旱的土地上生长和繁衍。在这里，我们看到了海藻，是一种非常粗糙但很漂亮的草，它们也被称为垫子草，因它们那纠结的匍匐在地上的根而得名。现在，它们正处于开花的季节。因为它们的根有助于防止海水侵蚀陆地，因此英国议会颁布了一项法令，把它们列为保护植物。我不觉得会有哪种牛会吃这种草，就算是一只饿得半死的驴子也不会吃上一口。

这儿有一些野生的天竺葵，让我们采上几株带回去。

"在这些退潮后形成的水洼里的小鱼是什么鱼？"威利问。

你应该认识它们，因为我们都已经见过它们了。不过，我们还是要抓两三条。好啦，现在你肯定认出它们来了吧。

"噢，是的，它们一定是还未长大的玉筋鱼，只有大约 3 英寸长。"

"爸爸，"梅问，"水边有一些大石头，你不认为我们会发现一些海葵附着在上面吗？"

我们快速地奔跑过去。很快，杰克就对我们宣称，他认为他找到的肯定是一只海葵。我马上就认出了他找到的是普通海葵。我们都坐在这块石头旁边，观察这种海洋生物。它依靠它那宽大的肉质底盘固定在这块岩石上，它那众多的触须在这个潮水留下的小水洼里蔓延开来。它的嘴位于圆盘的中央。

海葵

我敢说我们可以看到这只动物是如何使用它的嘴的。我把一条小鱼送到海葵嘴边。你们看，这些触须已经抓住了小鱼，正把它送进嘴里。大约过了两分钟，小鱼就被完全吞进嘴里。

这儿还有另外一只海葵，它比杰克发现的那一只更漂亮。

"哇！"梅大声说，"这只真的太漂亮了，它们是同一个品种吗？"

这种海葵通常被认为

草莓海葵

是普通海葵的变种，被称为"草莓海葵"，因为它和叫草莓的那种水果有相似之处。如果我触摸它的触须，它会立即把它们缩回去。这些动物没有眼睛，但是它们对光线很敏感，有云遮住阳光时它们也会收起触须，表示它们感知到了光线的变化。

如果一只倒霉的螃蟹碰触到这些伸展开的触须，尽管螃蟹比海葵更强壮，更自由，然而它的力量和活动能力在这些触须面前完全不能发挥作用。海葵虽然行动缓慢，但它会执拗而坚定地抓住猎物，绝不会松开。然后，它会调动起嘴边所有的触须，把猎物慢慢地吞进胃里，在那里结束猎物的生命。

螃蟹身上所有柔软的部位，也就是所有可以提供营养的部分都会被消化和溶解掉，直到海葵对这顿大餐感到心满意足后才会张开嘴巴，把螃蟹壳以及其他难以消化的东西吐出来。

海葵是很贪吃的动物，一点点食物不足以让它们感到满足。它看起来好像是无害的动物，然而，有时候它一顿早餐就要吞下三四只贻贝，把除了外壳之外的所有东西都消化掉。格罗塞先生把这种海葵称为"珍珠"，因为在它的嘴巴周围长着一些蓝色的肉团。

海葵的学名来自希腊语，意思是"一束射线"，它指的是海葵的触须。这种海葵的颜色经常发生变化，它也是海葵家族所有成员中最常见的一种。在身体的再生能力上，海葵跟它们的亲属水螅虫很相似。如果一只海葵被一把锋利的刀或剃须刀切成两段，每一段都会重新长成一只完整的海葵。

在我们回家后，我会给你们看一些颜色非常漂亮的英国品种的海葵图片，它们被绘制在格罗塞先生撰写的关于这些动物的书里。海葵种类繁多，但在这里的海岸见不到很多品种。梅，你看这根漂亮的海藻上有一只非常普通但很漂亮的海葵，通常它以寄生的方式生长在被称为海带的大型带状海藻的茎上。

现在，我让这根海藻在水里漂浮起来，看，它多么可爱啊！在英格兰南部的海岸，从来没有发现过这种藻类。这是鲜绿色的海莴苣，这是长长的浒苔，它们是水族箱里的主要海藻种类。

这里有一片在石头上结成硬壳的地榆珊瑚。注意看它那紫色的茎尖，再用手感受一下它有多硬。这种植物被一层白垩涂层覆盖起来。这里有一些十分普遍的墨角藻或黄色海带，它们长着厚厚的革质茎干，以及众多的空气囊。当我们一脚踩上去，这些空气囊就会爆裂。但是在这片海岸上，却很少见到海藻的身影。

等到我们去托基或滕比时，你们会很高兴地看到那里的海岸上有很多潮水退却后形成的小水池，里面有各种美丽的海藻。

"爸爸，"梅问，"你是说所有的海藻都很好吃吗？"

没错，有好几种海藻都被人们当成食品。在英国，有六七个品种的海藻可以食用。这些是苏格兰红皮藻和爱尔兰红皮藻，在爱尔兰和苏格兰的一些地方被人

掌状红皮藻

们当成食品。这是掌状红皮藻，把它洗干净晒干后可以直接生吃。爱尔兰红皮藻又被称为鹿角菜，几乎在任何一家药店里都可以看到它。

"我们认为没有任何理由，"约翰斯顿和克鲁尔两位先生发表议论说，"为什么那么多的海藻不能成为我们餐桌上的佳肴，甚至成为健康而有营养的食物？它们中的许多品种几乎是由淀粉——我们从其他蔬菜中摄取的主要营养成分——组成。为什么我们不能像利用生长在陆地上的植物那样利用这些长在海洋里的植物呢？"

长鼻子胭脂鱼

"噢，爸爸！"威利大声喊道，"在这块石头底下藏有一条非常奇怪的鱼，现在，我已经抓住它了。你知道这是什么鱼吗？"

这是康沃尔胭脂鱼，它之所以叫这个名字是因为它是在康沃尔海边被首次发现的，这种鱼在我们的海边极其常见。你看这条鱼，它轻微抖动了一下就牢牢地吸附在我的掌心里。现在，我

胭脂鱼

把它翻个身，这样你们就可以看到鱼肚子下面的吸盘。它是由一条沟槽分开的双圆盘，和鱼鳍相连。

你们看，它的脑袋看起来多么奇怪啊，又长又尖，它的身体大约有3英寸长。

呀！我又发现了另一种海葵，它的名字叫蛇环海葵，这是一种很漂亮的海葵。你们看，它的触须紧紧地锁在一起，就像很多纠缠在一起的蛇一样。这种海葵喜欢生长在可以把自己隐藏起来的岩石缝里，同时，它也生长在海沙里。

蛇环海葵

现在，我们已经到达了鱼堰。潮水正慢慢地退去。还有几位观众也赶到了，他们都在焦急地等待着观看好戏。你们看，这座鱼堰是由巨大的石块建造成的，石块上面蒙着强韧的篱笆条。它的形状呈 V 字形，在 V 字的顶点处装着一个很牢固的铁栅栏，除了最小的鱼可以逃脱外，其他的鱼都被关在鱼堰里。

看，他就是鱼堰的主人佩里·伊文斯先生，他带着那条有名的小狗杰克。杰克来自普鲁士，他的主人称它为水獭小猎犬。几年前，有一艘纵帆船航行到罗斯附近的海岸，船员们上岸购买补给品。当时，小狗杰克正绕着这艘纵帆船非常灵巧地游来游去。当伊文斯先生看到后，他马上就被这只小狗吸引住了。于是，他跟船员做

水獭猎犬

了一笔交易，用一袋土豆交换这只狗。

当时，杰克已经有9个月大了。杰克，杰克，到这里来，乖狗狗。你们看，它朝我们跑过来了。你们看到它颈上的颈圈了吗？是罗斯的群众买下来作为礼物送给它的，以表彰它作为"鲑鱼捕手"所拥有的卓绝技术和优秀的表现。现在，我们要爬到鱼堰的大石头上去，在那里可以更清楚地俯瞰整个水湾。我敢说，在不到20分钟时间内，佩里·伊文斯先生就能把鱼抓上来。

"快看那里，看那里，"威利说，"有条鱼像箭一样在水面上快速游动。"

我看到了，现在这条鱼儿已经游到我们下方了。这是一条鲑鱼，可能有七八磅（1磅约为453.6克）重。它在明亮的水中游动，看起来非常闪亮。你们看，它又像一颗子弹一样游走了。它是想给杰克制造一些麻烦，我会关注它的。

鲑鱼

马鲛鱼

"哇！爸爸，你以前看到过这么壮观的场面吗？快看，整个鱼群都向我们游了过来。"

这确实是非常壮观的场面，有三四百条马鲛鱼向我们快速游了过来，但它们的最终目的地还是伊文斯先生的鱼堰的出口。它们冲过去了，它们明蓝色的后背上点缀着绿色，优美地穿过无数黑色条纹或波浪条纹。

马鲛鱼是一种非常有价值的鱼类，正如你们所知道的，它是我们餐桌上的一道美味。有时候，用渔网也可以捕到较多的马鲛鱼。在洛斯托夫特和雅茅斯，人们仅用一个晚上捕到的马鲛鱼就多达 15000 条。在雅茅斯，捕捞马鲛鱼的渔船多达 90 条，总吨位超过 3000 吨，

西班牙马鲛鱼

雇用员工 870 人，一年的产值约为 20000 英镑。

据说，马鲛鱼很贪吃，生长速度也很快。马鲛鱼应该在非常新鲜的时候被食用，因为这种鱼在炎热的天气里很快就会变得不宜食用。由于这个原因，从 1698 年开始，马鲛鱼被允许在周日沿伦敦街道叫卖，而且我认为这条法令至今仍然存在。

在冬季，大多数鱼类都会洄游到深水区躲避暴风雨——你们知道，只有海面会受到暴风雨的影响——而在夏季它们又成群地游到浅滩附近，为我们提供了美味的食物，仍然以马鲛鱼为例，每一个捕捞季都可以捕到上百万吨。鱼游到海滩的目的是产卵，渔民趁机用渔网或鱼竿对付它们。

"你用鱼竿钓过马鲛鱼吗？"威利问。

是的，我的确用鱼竿钓过马鲛鱼，而且偶尔还钓到过一些其他的鱼。任何明亮的东西都可以用来作鱼饵，不过，最好的鱼饵还是玉筋鱼。你要把渔线放得长长的，然后快速开船或划桨，马鲛鱼就会咬饵上钩。

银鱼闪闪亮

　　又有一群鲑鱼游了过去，它们是游不出铁栅栏的。大家注意看那群无数小小的亮闪闪的鱼，它们的个头还没有杰克的手指大，它们是银鱼。只要我们想要，伊文斯先生会让我们装上整整一篮子带走。它们是非常好看的小东西。你们看，被网刮掉的鱼鳞在水中看起来多么闪亮啊！

　　威利问银鱼是否是一个独特的物种，或者它们只是其他大型鱼类的鱼苗。有人曾经认为银鱼是一个独特的物种，雅莱尔先生也同意这种观点，并为它命名为"欧罗派·阿尔巴"，考奇先生也持相同意见。不过，其他博物学家和巩特尔博士则反对这种观点，他们确信：银鱼只不过是鲱鱼的鱼苗，或鲱鱼家族某个成员的鱼苗而已。

　　现在，既然有这么一大群银鱼，就很有可能出现鲑鱼，因为鲑鱼非常喜欢吃银鱼，正是因为这里众多闪亮的鱼苗吸引着鲑鱼，所以鲑鱼才留在了这个水池里。佩里·伊文斯先

生对我说："没有银鱼就不会有鲑
鱼。"我也怀疑马鲛鱼是否也
受到了相同的诱惑。

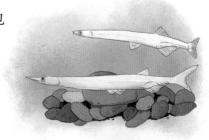

银鱼

鲑鱼在海洋里非常贪
吃，但有一个奇怪的事，
它们在河流里产卵的整个
过程中不会吃任何东西。我
曾经解剖过数十条处于产卵期的鲑鱼，在它们的胃里没有找
到任何淡水食物的残渣，但我曾经在一条在海水里吃足食物
的鲑鱼的胃里发现了多达 4 条个头不小的鲱鱼。

"可是，爸爸，"杰克说，"它们在我们的河流里产卵的那
几个月必须靠某种东西才能活下去啊。"

它们在产卵的时候不再进食任何食物，而是由储存在体
内的脂肪来提供能量。鲑鱼在淡水里产完卵之后，会变得很
虚弱。它们一回到大海里，立马胃口大开，而且很快就恢复
了健康和肥美。

尖嘴巴雀鳝

　　你们看，又有一群鱼游了过来。梅，注意看，在我们下面游来游去的难道不是一群很奇怪的家伙吗？它们是一群雀鳝。你们看，它们的身体像鳗鱼一样，又长又闪亮，而它们的双颚又像是沙锥鸟的喙。哇！它们看起来难道还不够漂亮吗？它们约有 1 英尺长。

　　考奇先生告诉我们，无论在什么时候，雀鳝都处于躁动不安、不停游动的状态中。它们具有快速消化食物的能力，见到鱼饵就会游过去，用它那突出的双颚以一种独特的动作咬住鱼饵。

　　雀鳝吞食鱼饵的速度没有其他种类的鱼吞得那么快，因此当渔夫的船驶得过快时，很

雀鳝

容易把鱼饵从雀鳝的嘴里拉出来。当雀鳝感觉被钩住时，它并不会立即奋力挣扎以试图逃脱，而是怒于渔线的束缚，快速上蹿到水面上，部分身体浮出水面，被渔线拖着不停地扭动身体。

雀鳝牙齿

雀鳝似乎永远也不知道满足，只要是抓得住并吞得下的动物它都不会放过。考奇先生提到过，雀鳝最喜欢的食物是一种在天气晴朗时停落在海面上的黑苍蝇，他曾经在雀鳝的肚子里发现了很多这种苍蝇，还发现了一条长度接近其身长三分之一的鲱鱼。几乎每一条雀鳝的肚子里都有一条鲱鱼。

有些时候，当海面风平浪静时，可以看到一条雀鳝或一群雀鳝在海面上嬉水。它或它们一次又一次地跃过海面上的漂浮物，比如一根树枝或一根稻草，或者直直地冲出水面，然后以非常拙劣的姿势落回水里。渔夫的孩子常常把细棍扔向雀鳝群里，看雀鳝围着这根细棍不停地做着各种各样的动作，以此取乐。

不过，现在，或许是看到有很多人在围观，这种可怜的鱼儿已经被吓得毫无嬉戏的心情。我要告诉你们，雀鳝的骨头是深绿色的。

威利，看那里，你看到在水中的活水母是什么样子了吗？它跟我们经常在海岸上看到的那些没有一丝生命气息的死水母完全不一样！你看，它在水里的游动姿态多么漂亮！它用那像伞一样的圆盘缓慢但从不停歇地伸缩，划水前行。

长相奇怪的鲂鱼

你们看到在水底朝我们慢慢游来的那条鱼了吗？它长着奇怪的头和两条可以像扇子一样舒展开来的漂亮的鱼鳍。它就是鲂鱼，在英国有多个品种，最大的可以长到 2 英尺长。

蓝宝石鲂鱼和知更鸟鲂鱼算得上是其中最常见的两个品种了。这种鱼味道鲜美，在利物浦的露天市场里经常有售，然而，我从未在新港或惠灵顿的市场里见到过正在出售的鲂鱼。人们通常用拖网捕捞鲂鱼，有时也用挂着鱼饵的排线鱼钩来钓。鲂鱼很贪吃，我曾见过一大群鲂鱼争相在海面上跳跃着追捕其他鱼类。

鲂鱼

嗨，佩里·伊文斯先生，你数出水湾里有多少条鲑鱼了吗？

"这可难不倒我，这水湾里共有七八条大鱼，其中有一两条或许有十一磅重。"

看看小狗杰克，我想它一定已经迫不及待了，因为它正盯着在水位不断降低的水湾里快速游来游去的鲑鱼。现在，伊文斯先生把系在小狗脖子上的项圈摘了下来，把杰克放了出去。它一下子便冲到水湾里。现在，属于它的游戏开始了！

威利和杰克都脱下鞋袜，把裤管卷得高高的，一人手里拿着一副手网也下水了。刚下水时还感觉水很冷，但捕鱼的乐趣让他们顾不上这么多。

看，那边有一条鲑鱼全速游了过来，小狗杰克正在后面猛追。它的追逐溅起了好大的浪花，在很远的地方都可以看到！还有一条小狗在学习捕鱼，显然，小狗杰克担任起教授、示范如何捕鱼的任务。这是一只棕色的猎犬，在水里欢快地游动，显然十分兴奋，可以看出它非常享受追捕鲑鱼的活动，但是它还没有学会怎样把滑溜溜的鲑鱼抓到手。

受到惊吓的鲑鱼游得多快啊！形容它们"快得就像离弦的箭一样"，一点儿也不夸张。干得好，杰克！干得好，孩子们！你们看到了吗？杰克死死地咬着鲑鱼的头。真是乖狗狗！

佩里·伊文斯先生马上赶到杰克面前，把鲑鱼从它嘴里取下来，然后在它的后背上拍了拍。他把这条鲑鱼冲我们高高地举起来，好让我们看得清楚，然后把它放进海滩上由他的雇工看守的鱼筐里。

看，马上又要抓到鱼了！他们又行动起来，连人带狗一起下水。没过一会儿，果然又抓到一条大鲑鱼。抓马鲛鱼和雀鳝的过程给围观的人带来无穷的乐趣。可怜的家伙，它们在混乱中四处逃窜。

不错，杰克——我说的不是伊文斯先生的小狗杰克——你逮住了那条长鼻子的雀鳝。不，不，它从你手中挣扎着跑掉了。别灰心，再试一次，你会抓住它的。太棒了，这次你抓稳它了，把它放到岸边的鱼筐里去。什么？你认为它会咬你？事实上，你完全不用担心。对，对，就以那样的姿势慢慢放进去。

"爸爸，它全身都滑溜溜的，这一点你肯定知道。"

没有关系，水湾里还有很多鱼。好了，威利，又开始了。小狗们又下水了，两条小狗和人们一起追捕另一条鲑鱼，水里立即又是水花四溅。佩里·伊文斯先生感叹道："刚抓起来的鲑鱼真是太漂亮了！"这是自然而然有感而发，因为任何一个在现场围观的人或许都会情不自禁地这样感叹。

然而，在我看来，在水湾里急速游动的鱼那才叫漂亮。实际上，毫无疑问的是，所有围观的人都希望这些鱼最终被装进鱼筐里。好了，在水湾里总共抓到 9 条鲑鱼——持续了半个小时左右，平均每条鱼大约有 5 磅重。

小狗杰克的表现简直令人惊叹不已。它在捕鱼过程中展现出来的娴熟技巧简直太棒了。它通常会死死地咬住鲑鱼的头，一刻也不松开，几乎是在一瞬间就让鱼儿无奈地束手就擒。有的时候，它也会咬住鱼儿的背鳍。

当捕鱼活动结束后，我们便过去看看今天的收获。哇，真是鱼儿满筐啊！我买了一条鲑鱼和那条雀鳝，剩下的鱼很快就被众多的围观群众买去了，他们对这次捕鱼活动还感到意犹未尽。

请稍等一下，有些鱼被遗留在沙滩上。我要在这些鱼身上寻找寄生虫。这里，在这条小鲑鱼身上有一条奇怪的寄生虫。这条虫子约有 1 英寸长，长着两条长长的像尾巴一样的突出物，长度相当于其身长的 3 倍。

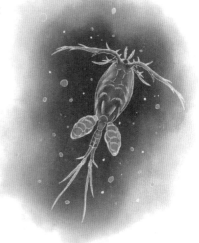

这是一只甲壳类动物，它跟我们在萨罗普郡的河里逮住的鳟鱼身上大量发现的鱼虱有亲缘关系。那两条尾巴一样的东西是装着卵的管子。它们很容易让我想起在淡水池塘里极为常见的小型甲壳类动物——剑水蚤。

剑水蚤

在这条鱼身上，还有一些更小的寄生虫，它们的外形跟前者相似，但没有尾巴一样的管子。这两种寄生虫事实上是同一种寄生虫的不同的雄性个体，这种寄生虫的名字叫疮痂鱼虱。

毫无疑问，这条上了年纪的狗认为自己已经出色地干完了今天的工作，十分悠闲地跟在主人身后回家了。我们所有人的看法跟这条狗的想法不谋而合，我们也带着也许永远也不会被抹去的印象离开了罗斯芬尼奇鱼堰。

漫步四

能做糖果的海滨刺芹

我们将再次在海滩上漫步，找到一些生长在远离海潮的干燥之地的植物。我们将寻找那些在乡村永远也看不到，只能生长在海边的植物。比如说海滨刺芹，它那厚厚的带刺的叶子是灰绿色的，上面布满了漂亮的白色脉络。你们看，它们在这里到处生长着。这是一种非常具有观赏性的植物，开着密集的蓝紫色花朵。它那钻入沙滩下面很深的根略有些苦味。

在许多年以前，人们用刺芹根加糖制成蜜饯，并取名为"甜蜜蜜饯"。莎士比亚曾在他的作品中提到过这种蜜饯——当福斯塔夫把这种蜜饯放进嘴里后，他说："让天空降下土豆吧，让雷声应和着绿袖子的曲调；呼唤甜蜜蜜饯和雪花刺芹，我要在这里为自己寻找庇护。"

海滨刺芹

长期以来，科尔切斯特以盛产这种蜜饯而闻名。人们认为海滨刺芹的根具有滋补功效，并且我认为如今它仍然被一些人当成药物。在瑞典，人们把刺芹刚发出的顶芽当成芦笋一样吃掉。这是一种耐寒植物，它的根做的蜜饯在保存了很长一段时间后仍然保持着原来的颜色和形状。

> 海滨刺芹，
> 无畏风暴的威胁，
> 傲然挺立，
> 它天蓝色的花冠像战士一样，
> 用长矛直刺苍穹。

这是海滨大戟，开着一种特别的黄绿色花朵，长着绿灰色的叶子。你们看，我只是摘下这么一小片叶子，它就流出这么多像牛奶一样的液体。所有种类的大戟都饱含着汁液，它的味道具有强烈的刺激性。如果你滴一滴在你的舌头上并且吞下一丁点儿，那么在接下来的几个小时里，你的口腔里和喉咙里将持续产生烧灼般的感觉。大口大口地喝牛奶可以消除这种令人痛苦的感觉。

老杰勒德对海滨刺芹有这样的描述，他说："有些人认为刺芹汁能给人带来极度灼热的感受都是听别人说的，但是我的讲述来自亲身体验。在艾塞克斯郡的栗城，我和一位叫里奇的本镇绅士一起牵着马沿着海边散步时，我取了一滴刺芹汁放进我的嘴里，灼烧的感觉立即在我的嘴里和喉咙里扩散开来，我之前从来没有体会过这种感觉。跟我一起散步的里奇绅士在采取相同做法后也体会到相同的感受。我们立即跨上马，逃命似的狂奔到最近的一座农舍讨来一些牛奶喝下，不一会儿，这种灼热感便消失了。"

"爸爸，你看那里！那只贴着海面飞的大鸟是什么鸟？它肯定不是海鸥。"杰克问。

它的确不是海鸥，而是一只鸬鹚。我正打算给你们讲讲有关鸬鹚的知识，但眼下我想让你们多听一些关于这个奇特植物家族的故事。我已经告诉你们这种刺芹流出的牛奶状的汁液是不宜食用的。

威利，你知道吗，据说克立市的爱尔兰农民会采集大量的刺芹，在把它们捣碎后放进有盖的篮子里，然后把篮子沉入河里，他们这样做的目的是毒鱼或使鱼失去知觉，然后就可以很轻松地抓住它们。这种植物中，一些生长在热带国家里的品种具有可怕的剧毒。

有毒的木薯

　　我不记得我是否给你们讲过生长在西印度群岛上的毒番石榴树。据说，这种树的毒性大到连在树荫下睡觉也会有中毒的危险，并且经常在毒番石榴树里居住的陆蟹也获得了这种毒性。或许，其中有某些夸张的成分，但毒番石榴树有剧毒是千真万确的。还有一种跟这种植物同属的植物——木薯，它是一种在热带国家被广泛种植的灌木，同样含有剧毒物质。

　　"这我就不明白了，"杰克说，"人们为什么要种植这种有毒的植物呢？"

　　好，我这就给你解释。木薯含有丰富的淀粉，它里面的有毒物质可以通过烘焙或清洗被完全清除掉，然后这些淀粉就可以用来制作木薯面包，这种面包不仅味道可口而且营养丰富。印第安人把这种灌木的有毒汁液抹在他们的箭头上制作毒箭。

"我想，我不会太喜欢木薯面包的。"梅说。

　　事实上，你偶尔也吃过几乎一样的食物，比如说你曾经吃过的木薯布丁，就是用从味道很苦的木薯根里提取的淀粉制成的。

　　沙盒树也是西印度群岛土生土长的一种树，它有一个很搞笑的名字，叫猴子的晚餐铃树。它也是一种有毒植物，它的乳白色的树汁毒性很强，如果不小心沾到眼睛上，会导致眼睛失明。

木薯

　　蓖麻油——不用听到名字就害怕，这是从一种属于刺芹科的植物的种子里提取出来的。有毒物质都残留在残渣里，用蓖麻种子榨出的油是没有毒的。

"捕鱼能手" 鸬鹚

"又有一只鸬鹚飞走了，"威利喊道，"这些鸟儿不是重要的捕鱼工具吗？"

是的，它们的确是。它们经过渔夫训练后，可以下水捕鱼，然后把抓到的鱼交给渔夫。在英国有两种鸬鹚——大鸬鹚及鹭鸶，它们都是高超的潜水者。曾经，有一只鹭鸶被困在水下120英尺深的一个捕蟹笼里，但最后靠自己成功脱身。

我喜欢看这些鸟儿栖息在海岸边陡峭的悬崖上，或是在天空中平稳地飞行。大鸬鹚的巢很大，用树枝、海藻和杂草筑成，通常产下4枚或5枚外壳白中带着淡蓝色的卵。我从来没有见过鸬鹚的雏鸟，但是我想它们肯定是长相奇特的家伙。因为当它们刚孵化出来时全身的皮肤都是蓝黑色的，几天之后全身便长满了黑色绒毛。

鸬鹚有很宽的喉咙，可以吞下较大的鱼。鳝鱼是鸬鹚非常喜欢的美味佳肴。有人曾看到一只鸬鹚从淤泥里抓住一条鳝鱼，飞回它先前驻足的栅栏上，把鳝鱼连续三四次地摔打在坚硬的栅栏上后，再把它抛到空中，在鳝鱼下落时咬住它的头，在一瞬间就把它吞进肚子里。

"我很想拥有一只温顺的鸬鹚，你想想，教它为我们捕鱼不是一件很有意思的事吗？"威利说。

鸬鹚

威利说，"中国人是不是曾用温顺的鸬鹚来捕鱼？"

是的，我相信是这样。这里有一篇曾到中国旅行的人写的游记，我读其中一部分：

有两只小渔船，每只船上有一个渔夫和 10 只到 12 只鸬鹚。鸬鹚在小船的船舷上站成一排，很显然它们刚刚到达渔场。现在，主人把它们都驱赶下水，这些训练有素的鸟儿立即跳进水里，然后在河面上四散开去，开始潜水捕鱼。

它们长有一对漂亮的海绿色的眼睛，视觉敏锐，疾如闪电。鱼儿一旦被鸬鹚那尖尖的喙咬住，便没有任何逃脱的机会。现在，有鸬鹚咬着鱼浮出了水面。很快，船上的渔夫就看到了它，然后召唤它回到船上。这只鸬鹚像小狗一样温顺，跟着主人的小船游动，允许主人把自己拉到舢板船里，把自己捕到的鱼全部吐出来，然后继续下水捕鱼。

此外，还有更神奇的事情发生。如果其中有一只鸬鹚抓到一条大鱼，这条鱼大到让它很难带回小船上，其他鸬鹚便会赶紧过去帮忙。它们一起咬住猎物，齐心协力地把这条大鱼拖回小船。

有时候，鸬鹚也会偷懒或喜欢玩耍，它们在水里游来游去，但不潜水捕鱼。每当这个时候，船上的人就用他手里那根用来撑船的长竹竿拍打鸬鹚附近的水面，并且用生气的语气大声责备它们，就像旷课而没有完成作业的学生被发现了一样，玩耍的鸬鹚立刻停止玩乐，潜水捕鱼。在每只鸬鹚脖子上都系着一根细线，以防止鸬鹚把捕到的鱼吞进肚子里。

跟大鸬鹚相比，鹭鸶的个头较小，但它的羽毛的颜色更纯净。据说，这种鸟永远也不会像它的近亲种类那样离开海水到淡水河流中生活，并且永远不会在树上筑巢。这种鸟被称为"海上乌鸦"。

又有一只有趣的鸟飞了过去，它是一只很常见的燕鸥。看，它飞得好快！一会儿掠过海面，一会儿快速升高，它这样做是在侦查渔情。这是一种非常优雅的鸟，长着好看的红色鸟喙和爪子。在什罗普郡中部

燕鸥

地区，我曾偶尔看到过这种鸟。在英国，还有好几种海燕。它们都是在5月来到这个国家，在9月离开的。它们一窝产2枚或3枚卵，颜色就像偏黄的石头，上面点缀着少许灰色和深红棕色的斑点。

海燕把幼鸟照顾得非常好。圣约翰先生曾说："海燕非常喜欢吃玉筋鱼，在整个海洋里游得最快的小生物非玉筋鱼莫属，但是海燕仍能够捕捉到数以千计的玉筋鱼。它们的捕鱼方式和鱼鹰捕捉鳟鱼一样，只不过海燕捕鱼时用的是尖利的喙而不是爪子。我经常在沙滩上捡起

海燕

海燕在惊慌中丢弃的玉筋鱼，无一例外地发现这些小鱼身上只有紧靠头部后面的地方有一处小小的伤口。这种鸟竟然能够以这样的方式捕捉到如此滑溜活跃的玉筋鱼，的确超乎人们的想象。然而，每一位居住在我们海岸边的人在这种鸟儿频频飞临海岸期间都能看到它们在捕食玉筋鱼。"

圣约翰先生也告诉过我们，在天气晴朗、阳光温暖的日子里，海燕会在它们的卵的上空不断盘旋，以便让卵接受由温暖的鹅卵石反射并提高温度的太阳光的热量。让我们到更靠近水的地方去，海潮正在消退。

螃蟹——小心我的双钳

　　这里有一只大食草蟹，它正以最快的速度逃走。螃蟹是让人感觉很奇怪的家伙，在水族箱里观看它们的行动是最有意思的。我们捉住这个家伙，但要注意不要被它夹到手。杰克，数一数它有几条腿？

　　"它的身体的每一侧各有4条腿。噢，爸爸，它想用螯来夹我。"

　　看，它的双螯多么强壮。螃蟹使用双螯就像人使用双手一样灵活。

螃蟹

在水族箱里观看螃蟹悄无声息地独自进食一些死去的甲壳类动物或其他食物是非常有趣的事。它一点儿一点儿地撕下食物，然后送到嘴里，鱼肉、家畜肉或者野禽肉，不管是新鲜的还是已经腐烂的，螃蟹先生都同样喜欢。

螃蟹跟其他甲壳类动物一样，也会蜕壳。如果你注意到螃蟹蜕下的壳有多么完美，你一定会惊叹不已。它的触须、它的刚毛、它的眼睛、它的毛发，以及其他最细微的部分都可以在蜕下的旧壳上看到。

刚蜕掉硬壳的螃蟹的身体在一段时间里是柔软的，但随着时间的推移它会利用水中的矿物颗粒再生成一个新壳。威利想知道螃蟹是否也会经历像昆虫一样的变态过程。

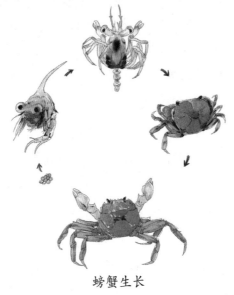

螃蟹生长

螃蟹的变态是一个极有启发性和非常有趣的话题。螃蟹卵附着在螃蟹的尾部下面，刚孵化出来的幼蟹看起来极其怪异。我曾在一个水族箱里看到有些小东西就像一团有生命的灰尘一样游动着，我取了一些样本放在显微镜下观察，很快就发现这些东西是处于其生命最初阶段的幼蟹，它们看起来像是另外一种生物，博物学家称之为水蚤状幼体；到了第二阶段，它的样子看起来开始有点儿像螃蟹；到了第三阶段则更像螃蟹；最后，它具有成年螃蟹的形态。

"但是，这不是人们常吃的那种螃蟹，对吗？"梅问。

你说得对，你们在市场上看到的用来出售的螃蟹是食用蟹。这种螃蟹喜欢居住在岩石海岸边，因此我不认为我们能在这样的沙质海岸上找到它们。事实上，这种螃蟹中的大个头们都生活在远离海岸的深水区域。

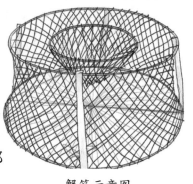

蟹笼示意图

在我们海岸的一些地区，捕蟹是一个非常重要的行业。有不计其数的螃蟹被人们用俗称蟹笼的捕蟹工具捕捉到。蟹笼是用柳条编制成的圆形陷阱。由于金柳的嫩枝具有很强的柔韧性，所以是最常用的编制蟹笼的材料。

"但是，怎样才能让螃蟹爬进陷阱里呢？"威利问。

蟹笼里装着鱼块或其他任何动物的内脏作饵料，然后再装进一些石头，以便让蟹笼沉入水底。用一条长线一端拴住蟹笼，另一端拴在一块软木上，浮在水面上的软木可以标示出蟹笼的位置。蟹笼和捕鼠笼非常像，唯一的区别是蟹笼的入口在顶端而不是在侧面。腐烂的肉是常用的捕蟹诱饵，螃蟹很可能是被它散发的臭味吸引过来的。

能生吃的红皮藻

　　你们看，在这片旧的牡蛎壳上附着一块非常漂亮的紫红色海藻，它被称为掌状红皮藻。这种海藻在英国沿海很常见，是一种用来装饰水族箱的漂亮植物。

　　"我们不知道现在在苏格兰地区掌状红皮藻是否还被当成食物，"约翰斯顿先生和克鲁尔先生说，"虽说过去有一段时间它曾作为食物，而且沿海地区的所有居民仍然把它当成开胃菜食用。我们认为，红皮藻总是被生食。但是我们曾经看到，有人把红皮藻缠绕在滚烫的拨火棍上烘烤，它会发出一种非常特别的气味，对大多数人以及对我们来

掌状红皮藻

说，这种气味令人恶心。后来，这些红皮藻被一个男孩吃掉了。"

在经过烘烤后，红皮藻由原本的红色变成绿色。这些藻类的表面被寄生虫覆盖，如水云属虫，它是最常见的一种寄生虫。许多人都认为，在这些海藻上面附着几只小甲壳类动物及微型水母并不会影响食物的美味。

在夏季，当红皮藻在市场上或在城里乡下出售时，常常和掌状海带的幼茎混合在一起。还有一种吃法，是在掌状红皮藻上撒上胡椒粉后食用。

梅，这片红皮藻上没有寄生虫，你尝一口，然后就知道这种作为食物的海藻是什么味道了。

"不，谢谢爸爸，"梅说，"虽然它看起来很漂亮，但是它的气味让我感觉有些不舒服。"

这里有一簇被称为"龙虾须"的植形动物，生长在一块埋在沙里的石头上。你们看，它的每一根分支都彼此相连，像龙虾的触须一样。一排等距的小杯一样的结构向里面延伸，它们是水螅虫的住所。这是镰状海樋，是一种非常优雅的植形动物，并且这里还有一个钟形花冠冬葵。我们把它们都装进我们的小箱子里，然后带回去用显微镜观察。大自然中的这些物种是多么奇妙啊！

漫步五

低语的蛾螺壳

　　我们将再次乘火车到罗斯芬尼奇农场去，在观看了鱼堰捕鱼的乐趣之后，我们要在低潮时翻起石头仔细检查一番。不用怀疑，我们肯定会发现很多有趣的动物，而且我敢说还会在水湾中找到很多好看的海藻。在沙滩上，我们找到一只很大的单瓣贝壳，不过里面已经没有生命存在了。它是一只蛾螺壳。威利，把它放到你的耳边，听听它的低语声。

　　"它似乎在发出一种奇怪的声音，爸爸。"威利说。

　　是的，这种蛾螺壳被称为"有声的喇叭"。

　　华兹华斯曾在下面的诗行里提到过它：

　　　　我曾经看见过一位好奇的孩子，
　　　　他住在远离海洋的内陆，
　　　　他把光滑的蛾螺壳贴在耳朵上，
　　　　在静默中倾听灵魂深处的声音。

螺壳内传来低语，

旋律优美，犹如母语。

蛾螺有多个品种，是一种在英国各个海域都很常见的软体动物。这种动物很贪吃。它的身体呈淡黄色，夹杂着一些黑色条纹。在它那长而有力的嘴里长着一条肌肉护套，里面包裹着一条形状非常奇怪的舌头。这条舌头在显微镜下看起来非常漂亮，等我们回家后我会让你们观察它的形状和结构的。

蛾螺

这种动物在沙滩上挖洞。过去我经常在疏浚网中找到一些样本。格温·杰弗里先生说，他曾在一条鳕鱼的胃里发现了大量的这种软体动物，数量有 30 只—40 只。

"人们会像吃蛳蚶或玉黍螺那样吃蛾螺吗？"杰克问。

我认为在伦敦有大量的蛾螺被吃掉，在那里你会看到它们被摆在露天市场销售。据梅休先生调查，每年在伦敦的街头市场上被卖掉的蛾螺多达 495 万只。在这个国家，人们从很早的时期就开始食用蛾螺。在远古时期，罗马人入侵英格兰后也开始吃蛾螺。

"你是怎么知道的，爸爸？"梅问。

因为在肯特郡里奇伯勒的一处古罗马军营遗址中发现了混在一起的蛾螺壳和牡蛎壳。我们知道古罗马人非常喜欢吃贝类动物。蜗牛对他们来说是一道美味佳肴,并且你知道吗,他们还常吃海胆和海葵。

在比林斯门的售卖甲壳类动物的市场里,为了把蛾螺和被称为"红肉"或"杏仁蛾螺"的纺锤螺区别开来,人们把蛾螺称为"白肉"或干脆就叫"普通蛾螺"。蛾螺主要的产地是惠茨特布尔、拉姆斯盖特、马盖特及哈维奇。

一般来说,当天运到市场上的蛾螺当天必须全部卖出去。如果蛾螺的供应量超过需求,剩下的蛾螺就会被煮熟,这样可以保存数天而不会变坏。在 1866 年制定惠特斯特布尔牡蛎捕捞法案的过程中,摆在下议院专责委员会面前的证据表明,在该海湾的一片沙质平地上一年捕捞到的蛾螺价值 12000 英镑——有部分产品在伦敦市场上被作为食物卖掉了,剩余部分则被储备起来当作捕捞鳕鱼的诱饵。在英伦列岛的北部地区很少有人食用蛾螺。在迪耶普和南特,只能偶尔在水产市场上看到有蛾螺出售。

被用来洗手的
蛾螺卵鞘

　　"这个轻飘飘的像球一样的东西是什么？"威利一边问一边用脚踢了一下那个东西。

　　它是我们一直在谈论的蛾螺产下的卵鞘，也被水手们称为"洗手球"，据说水手们就是用它们代替肥皂来洗手的。你们看，它是由众多圆形的袋囊组成的，一个位于另一个上面，通过边缘连接到基座上。这一簇卵鞘可能有 400 个这样的袋囊，且每一个袋囊里都含有数百枚卵！

　　关于蛾螺的卵，有一个让人非常惊讶的事实是，虽然每一簇卵鞘包含的卵数量众多，然而最终孵化出来的幼蛾螺也许不会超过二三十只。为什么其他的卵不能孵化出幼蛾螺呢？有人说，这些卵最初是球形，但后来这些卵会联结起来变成另一种形状。

　　约翰·拉伯克爵士是一位非常细致的观察者，他说，那些较早孵化出来的幼蛾螺会把其他的卵整个地吞食掉，而且他还画了一幅图，图上有一只幼蛾螺正在吞食一枚卵。我想这是现在大家普遍接受的关于这一现象的解释。

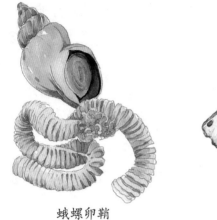

蛾螺卵鞘

牡蛎

"爸爸，看看我在这块粗糙的大石头上找到的是什么？"威利问。

啊！那是蛾螺的一种表亲。你看，它们的外壳在形状上没有明显的不同，只是比蛾螺的外壳要小一些。那里有一些织纹螺，在石头上你也会观察到一些形似微型杯子的东西，难道它们不让你感到好奇吗？那些织纹螺对牡蛎会产生严重的危害，并且会让大量的牡蛎死掉。

"但是，它们怎么能够危害到牡蛎呢？"杰克问，"牡蛎被坚硬的外壳包裹着呀。"

织纹螺长着一条长长的舌头，上面布满了大量的硬质尖刺。织纹螺用它的舌头在牡蛎壳上的某个地方不停地旋转，时间一长就会把牡蛎壳钻穿。这个过程无疑是缓慢进行的。

有人注意到，有一只织纹螺花了两天时间才磨穿一只中等大小的贻贝的壳。

这种软体动物会分泌出一种紫色染料，在过去曾被僧侣们用来为他们的手稿着色。我敲碎了一只织纹螺，你们看到那些略带黄色的液体了吗？

"但是，爸爸，按你所说应该是紫色啊。"威利说。

是的，我是那样说过。稍等片刻，你就会看到它变成紫色。现在它呈现出绿色，再观察一会儿，现在又变成蓝紫色，你们看，现在完全是紫色了。这种液体之所以会变色，是由阳光的照射所引起的。

长相奇特的海龙鱼

让我们再看看这个岩石水湾。那里有一条鱼在游动，我们去捉住它。

"呀！好奇怪的东西啊！看起来有点像鳗鱼。"杰克说。

它不是鳗鱼，而是一种海龙鱼。它的头长得可真特别！它的嘴，你们看，是一个圆筒状的管子。它的上下颚连在一起，鳃的结构也跟大多数鱼类不一样，它们是一小簇一小簇地排列着的。

在海龙鱼的成长过程中我们注意到一个奇怪的事实：雄性个体在身体的下半部分，也就是靠近尾巴的地方有一个薄膜囊，它们的配偶把卵产在里面，卵在里面孵化成幼鱼，并受膜

海龙鱼

囊保护。耶雷尔先生说，渔民曾信誓旦旦地对他说，如果把幼鱼从囊中摇到船周围的水里，它们不会游走，当渔民逮着雄鱼以舒缓的姿势放进水里时，这些幼鱼会再次游进囊中。

"可是，爸爸，"威利问，"既然海龙鱼的双颚连在一起，那么它想吃东西的时候又怎么能张开它的嘴呢？"

它当然无法张开它的嘴，但是它会通过扩张它的喉咙，通过管状的嘴吸进海水，包括小甲壳类动物、蠕虫等在内的食物就这样被吸进嘴里，就像水被吸进注射器一样。那些长相奇特的小鱼被称为海马，你们可能还记得在家里我有一只经过腌制的标本。

海马属于海龙科，在生活习性方面，跟这一科的其他物种极为相似。在英国的海边，偶尔也会见到短鼻海马。它采用直立的姿势游泳，随时准备着用它的尾巴卷住水中的任何物体。它们的身长从6英寸到10英寸不等，身体结构紧凑，尾巴被很多隆起分成小段，非常适于缠绕。海马卵及幼海马被雄性海马的袋囊保护起来，这一点跟海龙鱼很像。

"你确实见过很多不寻常的鱼，"威利说，"海马当然算是其中的一种。尽管我们不太可能在这里见到任何品种的海马，但我记得你有一个标本放在家里的一只玻璃容器里。"

是的，你让我想起了海龙鱼家族中最让人好奇的一个成员，它就是生活在印度洋里的叶状海龙鱼。它的头部、背部和尾部长着一些叶状的附加物，固定在坚固、粗糙而又多刺的突起上，让它看起来有几分像"破衣烂衫"。乍眼一看，你可能会认为这些"破衣烂衫"是被多刺的突起刺穿的海藻叶子。

"爸爸，你一定要到这里来。"梅喊道，"这里有一段非常好看的海藻很隐蔽地生长在岩石裂缝里。"

这是红叶海藻，看看它那漂亮的深粉红的颜色，长着中枢叶脉和分支叶脉的精致的膜状叶。不过，这段红叶藻有些地方被撕裂了。如果我们把它放在梅的嘴里，它可能保存得比现在这种状态更加完好。哈！我又找到一段漂亮的海藻，它具有明亮的透明的红色，质地坚韧。它喜欢生长在较小的岩石海湾里的暗礁下面。

这儿还有一条小鱼。这是什么鱼，杰克？让我看看。噢！我知道了，这是一只线鳚，在英国大多数海岸都很常见。它跟其他鳚科鱼类的不同之处在于其头部没有任何附属物。线鳚的活动范围局限于水底，它占据一处岩石或一块石头作为自己的住所，很少远离巢穴，躲在岩石下面防止被贪婪的鱼类及鸟儿捕食，但是拥有又长又尖的喙的鸬鹚能够把线鳚从它们的庇护所里拖出来，然后吞食掉。

线鳚

当海潮消退后，许多线鳚都会躲在石头下面或藏在水洼里，但个头较大的线鳚则会离开水，借助胸鳍爬进现成的洞里去。每个洞里通常只有一条线鳚，它们头朝着洞外，在那里等上好几个小时，直到海水再次涨上来后就会游走。如果在洞里的线鳚被人发现或受到惊吓，它们就会倒退到洞穴的底部去。

雷斯皮德记录了这样一个例子，根据他的猜想，有一条线鳚试图吞食一只把外壳敞开的牡蛎的肉，结果被牡蛎夹住。这条线鳚就这样被夹住很长一段时间，并且被拖行了很长一段距离。当这只牡蛎被捕捞上来后，人们把牡蛎壳撬开，这条当了很长时间俘虏的线鳚才重获自由，让人吃惊的是它居然还活着，看起来毫无伤痕。跟变色龙一样，线鳚也可以把两只眼睛转向相反的方向。

优雅的裸鳃软体动物

"哇！这个好漂亮的小动物是什么？它正在一片海带上爬着。"梅问。

这是一种裸鳃软体动物，一种非常有趣和非常优雅的动物。我把它装进我的瓶子里。现在，我们可以更清楚地观察它了。你们看，它的背部点缀着一抹抹柔和的玫瑰色。这些是它的肺。随着人们越来越多地见到这种动物，裸鳃亚目软体动物——裸鳃类——这一术语被创造出来，专指这种软体动物。

这是冠状蓑海牛，它是这一种族中很漂亮的一种。它的体长约为 1 英寸，身材修长，逐渐变细直至成为一个点。它的身体呈半透明状，带有

裸鳃软体动物

蓑海牛

红和浅黄色。它长着四条附肢——有两条长在嘴巴附近，被称为口触手，另外两条长在头部后面，叫作背触手。在背部两侧下方长着六七束鳃簇，它们呈现出漂亮的红色，稍微带着点儿蓝色，看起来就像是一簇簇会活动的微型花朵。

裸鳃亚目软体动物中有很多不同的种类都已经作为英国的物种被描述过。每当找到它们的样本时，我总是会非常高兴。我认为早春是寻找裸鳃亚目软体动物的最佳时期，因为那个时候这种动物都游到海边了，把它们的卵产在位于低水线附近的岩石或石块的底部。它们的卵块是果冻质地的线状物，绕成几个螺旋形的线圈。

你们看，这种小小的生物弯曲它的触手时多么优雅！它一会儿伸长触手，在碰到什么东西的时候又突然收回去。你们知道吗，尽管许多这样的裸鳃亚目软体动物都很迷人，可是它们通常都是凶残的肉食者。我有证据证明它们会吞食海葵的触须。在奥尔德先生和汉考克先生合写的那本很棒的关于这些软体动物的书里——当我们回家后我会拿给你们看——他们说曾有数次机会观察到这一物种的肉食倾向，当然，他们看到的并不是这一物种中最不贪婪的个体。

在一两天没有进食后，它们甚至会吞食自己的同类——较弱小的个体成为较强壮的个体那贪婪的胃口的牺牲品。较大个体间的斗争往往止于拔掉对方的棘刺。但是，如果有一只较小的个体靠近它们，它就会遭受无情的攻击，更强大的个体会咬住较弱个体离自己最近的部位然后开始吞食。

通常都是被袭击者的尾巴先被咬住，攻击的过程是猛烈而执着的。吞食者竖起并摇动自己的棘刺，就像愤怒的豪猪晃动着身上的尖刺一样。然后，它放下自己背鳍上的触手，卷起嘴边的触手，用向前突出的双颚和嘴咬住猎物，接着猛烈摆动身体，一口一口地吃掉猎物。一个个体以这种方式整个吞食自己的同类，这种情况并不少见。

"噢，爸爸！"杰克说，"快过来，这里有一个看起来非常恶心的东西，我一点儿也不想碰它。我是在这块平滑的石板下发现它的，我想它应该是某种蠕虫。"

它的确是一只蠕虫，而且还是一只非常奇怪的蠕虫。我也必须承认，在外观上它的确不好看。它以不规则的形状缠绕起来，似乎不可能解开。它大约有 0.25 英寸粗，可能有 6 英寸长，身体呈较深的棕红色。它是纽形动物。据说，这种动物有的个体可以长到 30 码这样惊人的长度。它的嘴是一条纵向狭缝，里面长着一条长长的管状吻。

曾经喂养过一条这种奇怪动物的 J. 戴利埃尔爵士说："长期以来，人们对这种蠕虫的食物感到困惑，一种本身显现出

纽形动物

如此笨拙、行动如此不便的动物似乎很难战胜猎物的反抗。在自然状态下，它当然会钻进须头虫的导管里去寻找食物。我亲眼看到过一只纽形动物抓住并吞掉一只失去自己庇护所的蛰龙介，尽管猎物在体形和力量方面都占据着明显的优势。纽形动物也以贻贝为食。"

虽然我也偶尔见过这种蠕虫，但是同样为能有机会研究它而感到高兴。我们要把它带回住处。

漫步六

敏感的岩蔷薇
和神奇的捕虫草

今天，我们将乘火车到兰迪德诺市去，然后在大奥迈斯海德尽情地游玩。今天的天空看起来很明朗，也很干净，我们将看到令人赏心悦目的风光。沿途各种各样的植物时时刻刻都在吸引着我们的注意力，因为大奥迈斯海德地区的岩石都是石灰岩，这种岩石适于多样化的植物生长。

这里有一种完全野生的英国植物——车轮棠，在英国其他地方完全找不到。我记得多年以前曾看见过车轮棠，它长在内陆地区一处像是石灰岩的悬崖上。虽然寻找车轮棠会打乱我们的计划，不过，我们还是要找找看。车轮棠是一种灌木植物，开着低垂的玫瑰色的小花，长着深绿色的叶子，

车轮棠

在秋天会结出非常漂亮的红色珊瑚状的浆果。

这种植物经常被人栽培在花园里，现在你们肯定对它不再陌生了。下一次我见到这种植物的时候我会指给你们看的，我会记住的。

"爸爸，"梅说，"这里到处都开着的漂亮的花是什么花啊？"

它们是岩蔷薇，你看这些花多漂亮啊！在明媚的阳光下，白色的花朵竞相绽放，阳光给花瓣周围镶上了一道金边。岩蔷薇也被称为木槿花，除非天气晴朗，否则它的花朵就不会开放。你们看，这些雄蕊多么敏感啊！我只是用这枚大头针轻轻碰碰它们，它们立即就在花瓣上垂了下来，然后很长时间都会保持这种姿态。

岩蔷薇

这是另一个品种，被称为灰白矮岩蔷薇。它的叶子上长满了茸毛，看起来十分灰暗。它的花朵跟常见品种不一样，是黄色的，不过要小一些。灰白矮岩蔷薇是一个罕见的品种，所以我们要采集几株带回家，晒干以后做标本。

这又是另外一个并不常见的品种，被称为诺丁汉捕虫草。捕虫草有多个品种，我敢说在我们的漫步过程中肯定还会发现更多的这种植物。

"给一朵花取这样的名字，真是太奇怪了！"杰克说。

的确是这样，人们之所以这样叫它，是因为经常有许多小苍蝇被花朵分泌出的黏液黏住。在其他种类的捕虫草上，这种黏液分布在部分茎干的周围。这种繁星一般的花朵在夜里非常漂亮，而且芳香四溢。现在你们既看不到它那美丽的花朵，也闻不到它的芳香，因为这种花喜欢在夜间绽放，这跟喜欢明媚阳光的岩蔷薇明显不一样。诺丁汉捕虫草是这样一种植物：

花朵避开正午的火焰，
独爱在午夜的月色中绽放；
它们不为浮华的世界所动，
唯有孤独与它们相伴。

这种花释放出的气味非常浓烈，如果把它放在房间里，会让人无法忍受。

"这里还有另外一种非常漂亮的植物，你知道它的名字吗？"梅问。

它那蓝紫色的穗状花朵的确非常漂亮。这种植物叫穗花婆婆纳，

穗花婆婆纳

并且我认为它是一种罕见的植物，只能生长在石灰岩或白垩岩地区。我经常看到这种植物被种植在花园里，在那里它那穗状花朵有时会长到近 1 英尺长，园丁们给它取了另外一个名字，叫"猫尾婆婆纳花"。

在我们绕着大奥迈斯海德走了接近一半路程的时候，杰克建议我们在树荫下休息一会儿。这是非常好的主意，杰克。我们还有大把的时间，我们就坐在这里看看大海，休息半个小时。

拖网渔船的工作原理

"爸爸，那座几乎位于我们正前方的岛叫什么名字？"威利问，"那应该是一座岛，我说得对吗，爸爸？"

你说得对，杰克。那座岛叫海鹦岛，它之所以叫这个名字，是因为有众多的名叫海鹦的鸟飞到这个岛上去。

"远处我们看到的是一条渔船吗？"威利问。

我肯定那是一条拖网渔船，或许甲板上已堆着大量的鱼，大部分捕到的鱼都将运到利物浦的水产市场上出售。

"拖网渔船是什么？"梅问。

拖网渔船也是一种渔船，只不过它拖着一张被称为拖网的渔网。在多年以前，在博马里斯和利物浦之间航行的蒸汽船会在海鹦岛上停几分钟，从并肩停靠的拖网渔船上转载一筐一筐的鱼，然后驶往利物浦。这在几年以前是常见的事情。

"我认为，"威利说，"在拖网渔船上肯定很好玩，可以看到捕捞上来的鱼和其他各种有趣的海洋生物。你看到过用拖网捕鱼吗？"

我当然看到过。趁着我们正在这里休息，我就用几年前在其他地方使用过的语言来描述拖网及拖网的工作原理。拖网是一个荷包形的网，长度在 60 英尺到 70 英尺之间，开口约宽 40 英尺，然后逐渐变窄，在拖网较小一端的开始处，或在技术上被称作"小袋"的部分时收窄到 4 英尺到 5 英尺宽。这段狭窄的部分长约 10 英尺，在末端用绳子捆起来。

这张网的开口处用木梁撑开，使其保持张开的状态。木梁两端各用一个 3 英尺高的铁框固定起来，这一部分被称为"拖网头"，它的底部是平的，平贴在海底。拖网的下部对应着拖网头的后部，只是在开口处深深地向内弯曲。在这一部分附加了一段地面绳，它的两端分别固定在木梁上。当拖网沉到海底时，这条沉重的地面绳就会平贴在海底。

拖网上还有网袋，一边一个。网眼的尺寸并不完全相同，在开口处附近约为 4 平方英寸，在小袋部分约为 1 平方英寸。拖网上的小袋部分由一些破旧的渔网加以保护，上面部分由可以增加浮力的马尼拉麻绳编制，下面部分由较重的麻绳编制。

好，假设现在人们从渔船的两边把拖网丢进海里，拖网下沉时，木梁始终在最上面。100 英寻（1 英寻约为 1.8 米）长的牵引绳随拖网被放进海里，这根绳索非常结实，和人的手腕一样粗，海深大约为 25 英寻。显然，拖网头已经沉到了海底。如果牵引绳突然变紧，船员就知道拖网翻了。如果一切正常，而拖网也顺着水流的方向前进，进入拖网中的鱼就会不断增多。

海底地势平坦，是成功拖网捕鱼的必要条件，因为多石而崎岖海底很快就会把拖网扯烂。网板拖铁平躺在底下，拖网的内部弯边跟地面绳的边框轻轻地摩擦着游在前面的鱼的鼻子。

喜欢逆着水流方向流动是鱼的天性，因此当地面绳警告它们要采取行动时，鱼就会抢着向前冲。如果它们向上游动，拖网的前部会阻止它们逃脱。如果它们向拖网下部游动，则几乎可以肯定它们会游进其中一个网袋里。

拖船牵引拖网前进的速度要比海流的速度每小时快 1 英里，现在，船长已下达收网的命令。拖船上的舷墙已被拆除，收网时主要借助绞车的力量。承载了沉重负担的牵引绳被慢慢地拉了起来，随后，整张拖网被拉到了甲板上。

带刺的海胆

当各种奇形怪状和五彩缤纷的鱼从小袋部分和网袋里被倒进鱼舱里时，场面是多么热闹啊！鱼的尾巴不停地拍打着地面，鱼嘴不停地一张一合，看起来多么让人激动啊！奇形怪状的螃蟹相互冲撞，有的长着长脚，就像蜘蛛一样；其他部分身体很柔软的螃蟹则隐藏在一些单壳软体动物蜕下的壳里面。

有一只旧牡蛎壳上被一只环节蠕虫钻出了许多小圆孔，如今它已经成为海绵的栖息地，壳的外面依附着形状精致的龙介虫，它们细小的头隐藏在那曲折的导管里面。还有各种各样的海星、红色的海盘车、看起来娇弱的真蛇尾目动物、蛇纹图案的栉蛇尾属动物。

海盘车是一种让牡蛎养殖户深恶痛绝的动物，因为它们会祸害那些非常珍贵的软体动物。各种不同的拥有彩虹色调的爬虫虽然随处可见，但并不能引起人们的注意。

我们还注意到有许多海胆，大的有如婴孩的头那样大，

小的如胡桃一般，长着长短不一、形状
各异的紫红色尖刺；还有数量可观的
海参、苔藓虫以及植形动物；
被囊类软体动物，蛾螺卵
块，单独的卵粒，好看的扇
贝，像葡萄串一样的墨鱼卵，
魟鱼及角鲨的革质卵，巨大的
牡蛎——尽管味道比不上海边
生长的牡蛎，但是对那些长期经
受海风磨砺的渔民来说，它的味道也很棒。

海胆

　　不过，几乎所有这一切东西对那些渔民来说都是"垃圾"，它们虽然在博物学家看来是无价之宝，但仍然会被倒回大海里。

　　让我们去看一看捕到的鱼。我们看到有几条鳐鱼，它们有长长的带刺的尾巴和斜视的眼睛；有黑线鳕和箬鳎鱼；有重达30多磅的大菱鲆；有斑点角鲨、欧鲽、鲆鱼以及菱鲆，等等。

　　这里还有一条我以前跟你们介绍过的鱼，在碰它的时候一定要小心，因为它那直立的密集背刺很容易刺伤人。这就是大龙䲢，是海床上触碰不得的动物，它拥有可以造成严重创口的有毒"武器"。船上的"垃圾"很快就被倒进海里，接下来，船员们把捕到的鱼分类，把同一种鱼装进一只鱼筐里。

海鹦——我是潜水高手

海鹦是一种非常奇怪的鸟，有时被人称为海鹦鹉，因为它的喙跟鹦鹉的喙有些相似。这些鸟儿只是我们海岸的夏季游客，它们在四月飞来，大约在八月末飞走。在五月初，海鹦会产下唯一一颗较大的蛋，有时会把蛋产在悬崖峭壁垂直的裂缝里，这些裂缝通常有三四英尺深。在我们海岸边，也经常发现野兔的洞穴，所以经常会看到海鹦和兔子为了争夺一处洞穴而相互打斗。

"许多海鹦，"谢尔比先生经过观察后说，"飞去了芬恩群岛，它们在岛上寻找那些覆盖了一层植被的地方，然后自己打洞，因为岛上没有现成的野兔洞穴。通常，它们开始打洞的

海鹦的嘴

时间是在五月的第一周，它们的洞穴通常有三英尺深，而且还有弯道，有些洞穴甚至有两个出入口。雄鸟承担了打洞的绝大部分工作量。在打洞过程中，它们表现得非常专注以至于人类可以空手捉住它们，同样的事情在它们孵卵的过程中也可以做到。

"在它们孵卵的季节，我经常空手伸进它们的洞穴里去抓海鹦，不过我得时刻提防着大鸟那有着锋利边缘的有力的喙啄到我的手。海鹦产下的唯一一颗蛋卵就躺在洞穴的尽头，它几乎和一只小母鸡下的卵一样大。海鹦刚产下的卵是白色的，不过有的也略带着一些灰点，很快，它们就因为和淤泥接触而变得肮脏不堪。在洞穴尽头孵卵的地方，海鹦没有为自己的巢穴收集任何材料。

"经过一个月的孵化，海鹦雏鸟便出壳了。它身上长着一层长长的黑色茸毛，然后逐渐被全身羽毛所代替。经过一个月或五周的成长，海鹦雏鸟便能离开洞穴，跟随它们的父母来到宽阔的海面上。此后不久，或大约在八月的第二周，所有的海鹦都会离开我们的海岸。"

威利想知道这些鸟儿的食物是什么以及它们是否是优秀

海鹦

的"潜水员"。海鹦的食物是小鱼及各种甲壳类动物。亚雷尔先生说，他曾经看到一只成年海鹦嘴里叼着数条小鱼飞回悬崖峭壁上的巢穴。海鹦拥有极好的潜水本领。

约翰·麦克吉利夫瑞先生说："在圣基达群岛上，许多站在礁石上的海鹦被人用拴在长竿上的马鬃毛套索给抓走了。在潮湿天气里，这种捕鸟方式非常有效，因为那时海鹦会呆呆地站在岩石上。在这样的天气里，一个捕鸟高手只要走出几码远就可以捕捉到多达上百只的海鹦。"

好了，我们休息的时间已经足够长了，必须得赶路了。梅，你现在去采集更多的植物。这是较小的异株唐松草，数一数它那像一簇簇金线的雄蕊的数量。怎么了，梅，你不喜欢它的味道吗？我也认为它的味道令人不悦。这里有一株血色天竺葵，开着鲜艳的紫色花朵，它的叶子边缘有深深的锯齿。

这种到处都是的植物是"淑女的手指"，白色花萼上覆盖着一层像羊毛一样的茸毛，因此在一些地方这种植物被称为"羊羔的蹄子"。

我们现在得以最快的速度赶往兰迪德诺市的火车站了，虽然我还想在这个地方多待一会儿，以便寻找到更多不同的野花。

快乐，在我看来，

属于那为甄选草药而奔波的草药师，

他没有糟糕的邪念，令人烦恼的想法，

他只为寻求山巅珍贵的花朵或悬崖边的植株；

他为了达到自己的目的而祈求，而学习，

至少，他可以通过努力来摘取，

然后，他像猎犬之鼻一样敏锐和渴望，

他的灵魂受到本能的驱使，

穿过森林，走过田地，

善良的人，

为了出发时的目的，他永无止境地寻找，

即使是开在巍巍高崖上或是藏身于茂密的森林里，

没有一朵小花，

可以被他的目光所遗漏。

漫步七

不能忽视的**有孔虫目**动物

今天，我们又将去海边逛逛。但是在出发之前，我们先去城里，去看看鱼贩们都在卖些什么鱼。鱼摊上摆着等着出售的鳎目鱼、鲑鱼、腌熏鲱鱼，我认为它们都是从里尔运来的。我们要为晚餐买点鲑鱼，还要为明天的早餐买几片腌熏鲱鱼。

现在，我们去药店买海绵。这一块就挺好的，你们看到它上面到处都是沙子了吗？事实上，除了沙子，海绵上还附带着一些非常好看的细微的东西，它们被称为有孔虫目动物。它们的大小各不相同，但总体上来说都很细微。"有孔虫目"这个名字是指的这种动物钙质外壳上被刺穿而形成的众多小孔。

海绵

现在，我们通过放大镜观察这块海绵，只能看到一些空壳，但是，这些空壳里曾经居住着微小的水母状生物，它们都是生活在海洋里的低等生物。在这些生物身上，拥有众多的长长的丝状突起，这些突起可以从外壳上的众多小孔伸出来，它们起着脚的作用。

这些生物的外壳主要由石灰质的碳酸盐构成，但它们的质地有很大的差别。其中，有些外壳不透明，就像瓷器一样，壳上没有穿孔；而其他的外壳则是透明的，就像玻璃一样；有些外壳的形状很容易让人联想到鹦鹉螺。以前居住在这些外壳里面的生物被认为是软体动物，而且跟鹦鹉螺有某些亲缘关系。然而，在很久以前人们就已经证明了有孔虫目动物跟小型软体动物完全不一样，虽然两者的外壳的形状有些相似。

尽管这些有孔虫目动物给人们的印象是细微的和无关紧要的，但我必须告诉你们，它们在大自然中扮演着非常重要的角色。在长长的山脉间隆起的白垩地质层就是由于微型动物群的钙质甲壳积聚形成的。尽管它们非常细微，但正是这些微型有孔虫目的外壳构成了这些山脉。

正是因为有了这些有孔虫目动物，才有环绕英格兰的巍峨雄伟、景色秀丽的白色"城墙"，英格兰也因此拥有一个非常古老的名字——阿尔比恩。在俄罗斯的伏尔加附近，在法国北部，在丹麦、瑞典、希腊、西西里、非洲以及阿拉伯半岛，许多白垩质山脉都有相似的起源。

建造埃及金字塔的石头里面满是一种被称为硬币虫 的有孔虫目动物。硬币虫之所以得名，是因为外形和硬币相似。希腊地理学家斯特拉博认为，他在金字塔的石头上看到的是某种有孔虫目动物的遗骸。对他的这一说法，我毫不怀疑。

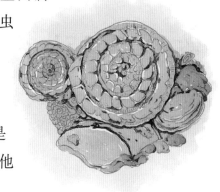

硬币虫

斯特拉博说："我在金字塔上看到了一种值得注意的东西，无法装作没有注意到。在金字塔前面堆放着一堆堆从采石场运来的石头，我从中看到一些形状和大小都跟扁豆相似的小石片，有些小石片里含有像去了一半外壳的谷物。据说，这些小石片是工人们的食物残渣变成的，但我认为那是不可能的。"

我有一些非常漂亮的这种外壳，在我们回家后我会拿出来让你们在显微镜下面观察。廉姆森博士和卡彭特博士合写了一本关于有孔虫目的不朽著作，我想你们肯定会喜欢书中那些漂亮的版画。

吃沙子拉沙子的沙蠋

　　现在，我们已经来到了海边，潮水正慢慢地消退。威利，你跑回我们的住处去借一把铲子，我要用它挖沙蠋。现在，你们看到沙里的那些小洞了吗？看到洞口旁边一堆堆的沙蠋粪了吗？这些沙蠋粪都是那种常见的沙蠋排泄出来的。这种沙蠋是渔民钓鱼最常用的诱饵。我要挖一条出来，我敢说它就在离地 2 英尺深的洞底。在那里，看，我挖到了一条完美无缺的沙蠋。

　　"爸爸，"梅说，"它的样子一点儿也不讨人喜欢。"

　　不错，我同意你的看法。在我捏住它的时候，它分泌出一种黄色的液体，把我的手指弄得很脏。我要把这条蠕虫放进这个装满清澈海水的高颈瓶里。你们看，现在你们觉得它的样子好看吗？

　　"是的，它现在一点儿也不难看了。那些红色的和紫色的毛簇是什么东西啊？"梅问。

沙蝎

这些毛簇看起来很漂亮，它们是沙蝎的鳃，或者说是呼吸器官。你们看，它们的形状多漂亮啊，那些细小的分支就像一棵棵可爱的小树。血液不断从这些毛簇里的血管中流过，吸收水中所含的新鲜空气或氧气。

让我们更近地观察这条沙蝎。它大约有 10 英寸长，身体呈可收缩的圆柱形，从头部开始的前半截身体较粗，后半截身体突然变细；它的身体呈淡黄色，但不同个体的颜色也有所不同；它身上大约有 19 个圆环或小段，只有身体中间部分的圆环上长着鳃毛簇；嘴里有一条粗而短的管状喙；在它身体的每一侧你都可以观察到有数对刚毛状的足，它们为蠕虫提供了支撑点，并且是在沙里挖洞的工具。这种动物会分泌一种黏稠的液体，用来黏固洞穴内壁的沙粒，就像水泥一样。

说来奇怪，这种蠕虫在沙子里挖掘的时候，会不断把较大的沙粒吞进肚子里。沙蠋粪——这些小堆小堆的螺旋状的沙堆，在这里随处可见——这种动物把沙粒吞进肚子，然后排泄出来的。

威利问，这种沙蠋是否也跟普通的蚯蚓一样，可以重新长出其身体缺损的部分。我的孩子们，关于这一点，我还没有掌握相应的知识。毫无疑问，普通的蚯蚓拥有这种再生能力，如果我没有记错的话，有一种具有高度组织性的海洋蠕虫——矶沙蚕，已经被证明拥有重新长出被截去的脑袋的能力。

贼鸥从不自己捉鱼

现在，我们已经走到水边了。威利在无意间看到在几百码外有一只鸟正在水中嬉戏。借助于我的双筒望远镜，我看出那是一只小黑背海鸥，事实上它的背部并不是真正的黑色，而是深灰蓝色；它的颈部、胸部以及尾部则是好看的纯白色。

休伊森先生曾告诉我们，这种海鸥在保护它们的卵的时候非常勇敢。他说："在这些海鸥中，有一只海鸥真是把我逗乐了。当时，我正坐在它的巢穴旁边，它先后退一定距离，为进攻积蓄力量，便朝我的头冲了过来，但是冲到离我还有两三码远的地方突然又停了下来，然后又后退，再冲过来。它不停地做出这样的动作，直到我离开它的巢穴它才停下来。我还听说，有一位经常捡海鸥卵的老妇人，她的苏格兰帽子几乎被撕成了碎片——她的帽子被海鸥的喙啄出无数个孔洞。"

小黑背海鸥最初作为英国的鸟类被彭南特博士观察到，

当时它们正在安格尔西岛上繁殖。这种鸟在威尔士很常见，毫无疑问，它们是在大奥迈斯海德及海鹦岛的悬崖和峭壁上生存繁衍，与海鸥家族中的其他种类混居在一起。

威利问："我记得有这样一种'海鸥'，它很少或从来不自己捕鱼，而是紧追其他抓到鱼的海鸥，迫使它们把鱼丢掉，这样它就有鱼吃了。"

看来你知道得不少，你所说的这种鸟虽然具有海鸥的一般外观，但它们不是真正的海鸥，在形态和生活习性上跟海鸥都有差异。它们有一个奇怪的名字——贼鸥。

在英国，贼鸥有三四个品种，它们中的大部分都居住

贼鸥

在英国北方地区，所以有些种类的贼鸥很少被人们看到。贼鸥的脚趾上长着长而弯曲的爪子，能够牢牢地抓住猎物，然后把猎物撕成碎片。它拥有同样强而有力的钩状喙，这让我们想到那些不会游泳的鸟类中的鹰隼家族。什鲁斯伯里的亨利·萧先生在多年以前养了一只波美兰贼鸥，后来它在飞行的时候因撞上镇里圣玛利亚教堂的尖顶，受伤死去了。

"我想知道，贼鸥真的从来不亲自抓鱼吗？"杰克问。

我认为它们很少自己去抓鱼。不过，我对它们生活习性

的了解仅限于通过阅读来获得，对它们并没有丰富的观察经验。圣约翰·查尔斯先生在谈论黑趾海鸥——这一种类被称为理查森贼鸥——的生活习性时，曾说了这样一段话："在所有其他海鸥都忙着寻找食物，以解决它们的饥饿时，黑趾海鸥则静静地站着，显然它对忙碌的同伴一点儿也不在意。然而，它一旦看到某只海鸥抓起一条大鱼正往肚子里吞时，就会迅速地飞过去，追逐那只被它盯上的海鸥。那只被穷追不舍的可怜的鸟儿发出尖叫声，向各个方向快速地盘旋着以企图甩掉它的追踪者，但一切都是徒劳。

为了摆脱这种烦扰，海鸥只好把吞进肚子里的鱼回吐出来，贼鸥会在鱼儿落到海里或地面之前抓住它并把它吞进肚子里。这个"强盗"就是以这种方式维持生活的，显然从来不会自己去抓鱼，而是迫使其他海鸥放弃它们辛勤劳动所获得的成果。

住在管子里的蛰龙介

杰克，你刚刚从海滩上捡起来的东西是什么？

"我不知道，爸爸。它看起来像是某种海洋蠕虫的管状住所。"

你说得对极了，它是蛰龙介居住过的住所。你们看，这根管子是由碎贝壳、沙子及碎石黏成的，大小和一支鹅毛笔相当。它的两端都有开口，注意看，在其上端有 10 根到 12 根突起的沙线，它们是由这种蠕虫的一些触手分泌出的一种黏液把沙粒黏合起来的。

"可是，"威利问，"住在这根管子里的蠕虫在哪里呢？"

它可能藏在沙子里，也可能死掉了，所以留下空空的住所。我们非常不容易找到这种动物完美的样本，除了在进食或建造住所的时候，它们几乎总是居住在管道住所的底部。它们只要感到有任何入侵者会从正面发起袭击，就会以最快的速度从后门逃走。不过，我还是能够把它给挖出来。威利，给我铲子。看，它在那里！哈哈，我成功地挖到了一条蛰龙介。

"噢！爸爸，它看起来真奇怪。"梅说，"在它的脑袋旁边有好多长长的、肉乎乎的线状突起相互纠缠着。"

你观察得真仔细。它们是这只蠕虫的触手，在它建造自己住所的过程中，就像众多的手一样发挥作用。"如果把一只放在瓶里的蛰龙介从它的管状住所里拉出来，"约翰·戴利埃尔爵士告诉我们，"它会在水中猛烈摆动自己的身体快速游走，这一点跟蛤虫和其他一些蠕虫或环节动物相似。它的触手和鳃

蛰龙介

收缩在头部周围，看起来就像一把刷子。它这样使劲地摆动身体，只要一会儿就会累得精疲力竭。

此时，如是从上面撒一些沙子下去，已经疲惫不堪的蠕虫又会立即行动起来，用触手把沙子收集在一起，瓶底很快就变得干干净净。继续撒一些沙子下去，它还会重复相同的动作。它把这些沙粒收集起来，作为建造新的庇护所的材料，以遮蔽自己的赤身裸体。长时间暴露在阳光下或空气中，对蠕虫来说是致命的。"

这种动物表现出来的建筑技巧、对材料的选择以及动作的机敏实在是令人钦佩不已。当它把所有的特点都展现在对它感到好奇的人的面前时，对这些人来说，难道不是一种巨大的满足和愉悦吗？如果有一只蛰龙介在玻璃瓶里已经建好了一根沙管，也就是说，它已经拥有了自己的永久居所，那么我们就会发现，这位居民在一天中的早些时候会一直隐藏在住所里，只露出触手的末端，它就这样一直待到中午。

然而，正午一过，它就会躁动起来。在下午4点到5点之间，它开始向上爬，在接近傍晚时把触手全部伸展出来。在太阳落山后，触手变得非常活跃。现在，它的触手从孔口处放了下来，就像许多细小的绳子。每一只触手都黏起一粒或两粒沙子送到管口处，等着被这位建筑大师使用。如果某只触手上的沙粒掉落，那么这只触手就会赶紧在瓶底不停地搜索，直到找回丢掉的沙粒并重新送回管口处。

尽管这样的工作会持续几个小时，但是管子的高度用肉眼看来并不会有明显的增加。不过，等到第二天早上再来观察时，管子高度的变化一定会让人大吃一惊。有时候管子的高度不会有太大的增长，但管口处会被一条条由沙粒黏合成的沙线包围起来。

现在，建筑大师已经退回管底休息去了，但是当夜晚到来后它又会继续先前的工作，在第二天太阳出来以前，它的管状住所会进一步增高。所有这些蠕虫都是昼伏夜出的劳动者。的确，这对生活在沙滩深处的居民们来说，是最自然的生活习性。当沙滩上面的世界已经安静入睡的时候，正是它们精力最旺盛，行为最活跃的时候。

J.G. 戴利埃尔爵士进一步告诉我们，这些动作快而又聪明的小工匠从来都不会重返被它们离弃的管状住所。当它需要一座新的住所时，它会从最基础的地方开始重新建造。

漫步八

肉嘟嘟的海参

　　昨晚海风很大，海浪到现在还在不停地翻滚，白色的浪花拍打着海岸。浩瀚的大海多么美丽壮观啊！不管是在风平浪静的时候还是在狂风骤雨的天气里。看看诗人对大海的描述有多么的贴切：

　　　　辉煌的明镜，

　　　　在大自然的魔力下，

　　　　变为暴风雨，无时无刻，

　　　　要么风平浪静，要么海浪滔天，

　　　　——用微风、烈风或暴风，

　　　　在天寒地冻之地，或炎炎烈日之下，

　　　　掀起滚滚巨浪，

　　　　无边无尽，华丽无边。

　　我们又来到海边漫步。我确定会在暴风雨过后的海岸上找到一些被海浪冲上海岸来的东西。看看我在这里找到了什么？一个椭圆形的肉乎乎的东西，两端逐渐变细，约有 3 英寸长。不过，如果它在水里肯定会比现在长得多。

这是海参，当这种动物的身体呈收缩状态时，很容易让人想起蔬菜。有时候，它们也被称为"海布丁"。它的身体上长着众多的吸盘，形状和海胆以及海星相似。

海参

不同种类的海参，吸盘的排列方式也有所不同。它的嘴边长着一圈触手，不过，这只海参的触手已经全部缩到嘴里去了。

海参的表皮非常粗糙，跟普通海星的表皮相似，里面含有众多分散的钙质骨片。如果我剪下一小片海参的皮肤，放进碳酸钾溶液里，然后用纯净水仔细地清洗，再把剩下的部分放到显微镜下观察，就会看到无数块形状精致的骨片。

如果用肉眼看，它们不过像一些细小的灰尘。跟这只海参有着紧密联系的同属于海参家族的地中海锚海参——我认为在我们所在的海岸上还没有被发现——在它的表皮里也嵌着非常漂亮的微小骨片。每一块骨片都呈椭圆形，上面有规则地分布着一些小孔。在骨片的一端有一个用来和其他骨片相连的钩状突起，它的形状和船锚惊人地相似。

人们在地中海里还发现了另一种海参，它就是紫海参。这种海参拥有的骨片跟马车的轮子极为相似，在显微镜下看起来非常漂亮。在家里我保存有这种海参的标本，改天我会让你们在显微镜下观察它的。

我经常跟你们说起某些动物具有再生身体缺损部分的能力，或许，海参在这方面的能力比其他任何已知的动物都更加强大。它们能够抛弃身体内部的所有器官，但它们的生命依旧会延续下去。事实上，在甩掉了自己身体里的内脏之后，它们很快就会长出一副新的内脏，开始新的生活！这种生理上的专长肯定让人类中那些消化不良的患者垂涎不已。

"干参"，你们可能听到过这个名字，在中国及其他东方国家被当成食物得到广泛使用，它也是海参科的成员。这种海参被称为可食用海参。在几年前，你们的罗伯特叔叔带着他的旅行团在中国旅行时，经常食用海参汤或海蛤蝓粥，而且对这种食物的味道赞不绝口。

"噢，爸爸！"威利大声说，"看我找到的是什么？很多硬硬的、弯弯曲曲的壳管附着在一只旧牡蛎壳上。它们是某种海洋蠕虫的住所吗？"

你说得对，而且还是一种非常好看、很有趣的蠕虫。让我看看它们的主人是否在家，是否会开门接待来访者。可以肯定，它们在家里，我是根据这些堵住门口的沙粒得知的。我们在这块大石头上坐下来，把这些弯弯曲曲的管子放进这处由潮水形成的水洼里。我敢说，用不了多久就会有一些蠕虫把头从管子里探出来。

中国的鸬鹚捕鱼法

"那边飞走了一只鸬鹚，"梅大声说，"它们在这片海岸似乎很常见。"

的确如此。那天我们在漫步时谈到鸬鹚，我忘了告诉你们，跟在中国一样，英国也有人训练鸬鹚来捕鱼。詹姆斯一世从中国引进了鸬鹚捕鱼法。他在后来建立新的国会大厦的地方修建了大规模的饲养鸬鹚的设施。他下令在那里挖掘池塘，在里面投放数量适当的鱼，借助于人工河道从泰晤士河引来活水。

据说，一位名叫约翰·伍德的人成了首任皇家鸬鹚管理员，这个职位跟皇家马匹管理员和皇家小猎犬管理官一样，是一个非常重要的官职。国王非常厌恶别人打扰他的鸬鹚，不允许任何人去影响它们，甚至连看一眼他的那些带着羽毛的"宠臣"也会被认为是严重干扰管理员工作的行为。

据说，国王的国务大臣康威被国王强迫担任首席鸬鹚管理员一职。这些被国王视若珍宝的鸬鹚中，曾经有一只不见了，国王怀疑是被康威男爵的堂弟弗朗西斯·沃特利爵士给偷走了。于是，国务大臣给自己的堂弟写了一封言辞激烈的信，要求他立即归还那只鸟。事实上，这只鸟确实在沃特利爵士的手上，他很快就把它归还给国王。作为皇家鸬鹚管理官，伍德每年可以得到84镑薪水，此外，在前往曼岛及其他北方地区搜救受伤的鸬鹚及鸬鹚雏鸟期间，每日还可以得到半个硬币的补助。

鸬鹚捕鱼法由萨尔文船长引介到英格兰。萨尔文船长对鸬鹚的日常管理、配合使用的设备、渔夫合适的装扮，以及他那温顺的鸟儿们——名字分别是饿死鬼、卡斯国王、扒手、探长以及狡猾的骗子——的脾气及特点等都做了非常有趣的描述。以下就是这位船长对鸬鹚一天的捕鱼活动的生动描写：

我想我们乘坐的弹力二轮马车已经准备好了，而且大家都已经穿好了捕鱼专用服装。我们把鸬鹚捉出来，单独关进底下铺了稻草的独立暗室里。如果天气炎热，一定要在运输它们的车顶上放一些湿草让车厢内保持凉爽。此外，还要在车里准备一个鱼篓、用绳子串起来的诱饵、能发出很大响声的短鞭和一块用来擦手的海绵，然后把马车赶到你打算捕鱼的河流。

现在，把马车停在河流的河湾处，先赶几只鸬鹚下水，留下几只待其他鸬鹚需要休息时好接替它们。先用鞭子使劲地抽出响声，催促它们打起精神，赶紧行动起来，同时还要大声地吆喝：

"快下水，呼哇！"时不时地朝它们掷一把泥土。如果它们都浮在水面上，这样是肯定抓不到鱼的。现在，再使劲甩下鞭子，朝它们再吆喝几声，通常它们这时都会钻进水中。

鸬鹚捕鱼

如果河里的水清澈见底，就可以看到它们在每一处鱼儿可能的藏身之处搜索，整个过程都看得清清楚楚。这次捕鱼行动真是精彩极了！在连续两三次浮出水面之后，现在，"卡斯国王"终于抓到一条大鲢鱼并浮到水面上。尽管这条鱼仍在不停地拼命挣扎，但终究被"卡斯国王"吞得只剩下半个尾巴留在嘴巴外面，那根绑在鸟儿脖子下方的细线阻止鸟儿把鱼吞进肚子里。

没过一会儿，被鱼卡着喉咙的鸟儿会觉得不舒服，然后游到岸边。这个时候要轻手轻脚地走过去，把手轻轻地放在它的头上，趁它再次仰起脖子吞咽时抓住它的喙，把它拖到草地上，然后把鱼从它的嘴里取出来。就在这边正在忙碌的时候，岸上的人群里传来一阵躁动，接着是一阵叫好声，原来"探长"又抓到了一条鳗鱼。这条鳗鱼给"探长"带来不少的麻烦，它全身滑溜溜的，好几次都从"探长"嘴里逃脱，又再次被"探长"给咬住。

虽说抓到鱼没有什么奖励，但是"探长"——它是抓鳗鱼的高手——仍然自己寻找机会并抓住了这条鳗鱼。河岸是一片很开阔的平缓坡地。"探长"把这条鳗鱼叼到河岸上，把它抛来抛去，反复地戏弄它。在鳗鱼即将滑到水边时，又把它叼回来不停地撕咬。

这条鳗鱼在求生欲望的驱使下，始终在拼命地挣扎着，企图摆脱已经注定的死亡，而那掌握着生杀予夺决定权的主宰者则兴奋地叫着，其他鸬鹚在听到它的声音后也跟着此起彼伏地应和着。通常，鳗鱼能从鸬鹚嘴下逃脱，尤其是在很陡峭的河岸上。不过，只要河岸平缓，没有哪一条鳗鱼曾经从"探长"嘴里成功逃脱过，虽说它们使出浑身解数，甚至有些已经被"探长"吞进喉咙还在不停地狂扭身躯，企图迫使"探长"把它们吐出来。

鸬鹚非常喜欢捕捉鳗鱼，只要在有鳗鱼的水域它们通常都不会捕捉其他的鱼类，所以当渔夫的目标是鳟鱼的时候，这种鸟儿只抓鳗鱼的做法的确会让它们的主人非常恼火。不过，它们很快就会放弃抓鳗鱼改抓其他鱼类向主人交差，因为要抓住鳗鱼实在很不容易。

如果鸬鹚咬住的是鱼的尾巴或尾巴附近的部位时，人们通常会看到这样一幕：它们会把猎物抛到空中，然后在其下落时咬住它的头部再吞下去。因为鱼在下落时必定都是头朝下的姿势，原因是鱼的背鳍都是从头部延伸到尾部的，如果以相反的姿势下落它们会感觉很不舒服。

喜欢打架的**寄居蟹**

"你看，爸爸，"杰克说，"我根本认不出它是什么东西，它看上去既像是螃蟹又像是软体动物。"

这是一只寄居蟹，它霸占了一只海螺的外壳，难怪这个坏蛋看到我们就想逃走。哇！杰克，它看起来好狡猾。你们认为它只是霸占了一个外壳，住进了一所挂了"寻找租客"牌子的公寓，还是它残忍地杀死了这个外壳的真正主人，然后把外壳占为己有呢？

一般来说，我倾向于认为寄居蟹先生没有犯谋杀罪，而只是在它需要一处住所的时候幸运地发现一所空房子。它并没有认真考虑那句古老谚语——"把房子空着也比租给坏房客好"——体现出来的正义观，并且认为自己并没有背负霸占别人住宅的罪名。

"可是，"威利说，"为什么寄居蟹需要居住在其他动物的壳里呢？一般来说，螃蟹是不需要房子的。"

此话不假，不过寄居蟹身体的后面部分非常柔软，需要好好保护起来。观看被剥夺寄居壳的寄居蟹寻找新的住所的过程，是一件非常有趣的事情——它一会儿试试这只壳，一会儿试试那只壳，体验一下住在里面是否舒适，带着外壳行走时是否方便。

寄居蟹

寄居蟹还有一个名字叫兵蟹，之所以叫这个名字是因为它们天性好斗。我经常亲眼看到它们相互打斗，有时它们会把对手从寄居壳里强行拖出来，然后自己光明正大地住进去。J. A. 索尔特先生详细记录了他的观察过程：

我有很多次在拖网里乱作一团的东西里看到寄居蟹把自己的壳给弄丢了，有三次在海边看到无家可归的寄居蟹寻找新寄居壳。我也在玻璃瓶里观察过寄居蟹寻找新寄居壳的过程。我的观察计划是这样——我把一只没有寄居壳的寄居蟹放进一个装满海水的大玻璃瓶子里，瓶子里放一只大小和形状都和寄居蟹差不多的外壳。然后，我开始聚精会神地观看。每一次，这只寄居蟹都会用相同的方法来寻找它的住所。

这只寄居蟹似乎很快就看到了这处住所，它爬到外壳上观察了一番，以确认这处住所是否适合居住。在这种情况下，它是靠触摸而非视觉来做决定的。它一来到外壳边，就把自己的两条腿伸进外壳的开口里，并且尽可能深地伸到空腔里。然后，它绕着外壳边缘开始急匆匆地爬来爬去，很显然，它是在试探里面是否已经有了住客。

这只寄居蟹每一次都向着同一个方向爬动，从外壳突出那一边开始，到内缩的一侧结束。一旦它确定里面没有住客后，它会马上竖起尾巴，从外壳光滑的唇状部以非常娴熟的姿势一闪而入，整个过程在眨眼间就已经完成。居住在新住所中的它看起来惬意而满足，跟一瞬间之前拖着尾巴像无家可归的流浪汉一样可怜的样子完全不同，让人觉得非常搞笑。它似乎正在冲着你的脸非常直白地说："这儿是我的了，我可不是流浪汉。"每次看到这一幕我都会忍不住哈哈大笑起来。

在英国，寄居蟹有几个不同的品种，它们都是软体动物外壳的住户。此外，它们的腹部都非常柔软，长有一对不对称的附肢——寄居蟹靠这对附肢拖着自己的蟹壳移动。现在，我们也到时间该回我们的住处了。

漫步九

翘鼻子麻鸭

今天，我们将乘火车到离这里很远的科尔温去，计划再次造访鱼堰渔场附近的海岸。今天的海浪状况也很适合我们此行的目的，从海上吹来的微风令人心旷神怡，因此我们并没有感觉到炎热。过了科尔温火车站再走大约半英里，有一处掩映在树林里的大房子出现在我们眼前。

"那座房子叫什么名字？"威利问。

那是皮尤里克罗申酒店，真是一处令人向往的地方。那里有观赏海景的最佳位置，或许你们已经猜到了这一点。这里以前是厄斯金女士的故居。我很想到这片森林里来打猎。威利，到秋天我们来这里采蘑菇吧。我猜我们应该能够找到一些从来没有见过的品种。我们一定要在秋天里的某个时候或其他什么时间来这里度一次假。

时间过得真快，我们不久就到站下车了，然后来到了海边。很快，梅就叫我注意落在远处海岸上的一些鸟。我借助望远镜，认出这些鸟是翘鼻麻鸭。它们是非常漂亮的鸟，喙是红色的，羽毛为白中带着栗色，头颈处的羽毛具有明亮的光泽，双脚及脚趾呈浅粉色。

翘鼻麻鸭

我小时候曾在帕克盖特附近居住过一段时间，经常有人把在沙滩上捉住的翘鼻麻鸭的雏鸟送给我。从那个时候起，我就知道它们是非常漂亮的鸟。这些鸟把卵产在海岸边被遗弃的野兔洞里或沙地上的其他孔洞中。在有些地方，人们把它们称作"洞穴鸭"。这种鸭在孵化幼鸟期间，雄鸟和雌鸟会轮流细心呵护巢穴里的卵。当其中一只鸟离巢觅食时，另一只鸟就会担起照顾鸟蛋的任务。据说，当巢穴离水边较远时，雏鸟会被它们的父母叼到水边，让它们自己喝水。

翘鼻麻鸭几乎只吃贝类动物，尤其喜欢吃鸟蛤。圣约翰先生曾说，翘鼻麻鸭是通过双脚踩踏沙子来觅食的，这样做可以迫使鸟蛤快速浮到沙面上来。他还说，当翘鼻麻鸭被关在饲养园里喂养时，如果这种温顺的鸟对园主提供的食物感到不满，它们也会不停地踩踏双脚。

在人工喂养时，它们的食物主要是各种谷物、在水里浸泡过的面包，等等。尽管翘鼻麻鸭看起来很漂亮，但是它们的肉吃起来口味不佳，粗糙难咽，甚至还有某种难闻的味道。在绅士们的花园里放养几只翘鼻麻鸭可以让花园增色不少，不过，据说这种鸟跟其他种类的鸟生活在一起时会表现出好斗的本性。

神出鬼没的对虾

"爸爸，我确定我捕到的是一只对虾。"杰克高兴地说。

完全正确，只不过这只对虾个头比较小。你是在什么地方抓到它的？

"就是这处浅水洼里，"杰克说，"我敢说里面肯定还有好几只。"

那是显而易见的。你们看，那边有一只像影子一样一闪而过，这边还有一只很活跃，它全身几乎透明，就像在梦里面看到的东西一样。

对虾

"我以前一直以为虾都是红色的，而这些虾却看不出有一点儿红色。"梅说。

被煮熟后的虾身体会变成红色，不过活虾身体的颜色就是我们现在看到的样子。当它们处在天然的栖息地时，要仔细观察它们的生活习性是一件很困难的事，因为它们一见到人靠近马上就藏到海藻丛里或岩石裂缝里，人根本看不到它们。

在过去，我也偶尔在水族箱里养过两三只对虾，我发现观察它们的活动是一件非常有趣的事。莱墨·琼斯教授说："当它们以最快的速度在水里游动时，这些身体透明的甲壳类动物姿势看起来最优雅。它们的前足向后收起，折叠在身体下面，就像小鹿在向前跳跃时收起前腿一样；头上那纤细的长触须向后在身体两侧飘逸地舞动，比整个身体还要长；它们腹下那强壮有力的划水鳍就像不停划动的船桨一样，推动着它们在水中快速游动。"

对虾的脚里面有一对螯状足，被对虾当成双手一样灵活地使用，样子非常可爱。对虾用这对螯状足夹起食物并送到嘴里。琼斯教授也曾说过，在夜晚漆黑的房间里观察水族箱里的这些动物，它们那明显突出的眼睛发出荧光，这是一件令人吃惊而又感到好奇的事情。因为对虾不会待在某个固定的位置上，它会在水中缓慢地游动或爬上岩石寻找食物，而那对明亮的光球就像微型铁路机车的探照灯一样，在漆黑的夜晚里是那样明显。除了那对圆球在漆黑一片的水中像火光一样闪耀，其他什么东西也看不见，这种情形让观察者愈发觉得好奇。

对虾跟小虾一样，也是把卵簇携带在自己的划水鳍下的。幼虾要经历多次变态才能成为成年虾。在成长过程中，它们会定期脱掉它们的外壳。你们看，这些突出的额角多锋利啊，上面还有七八颗锯齿一样的尖刺。

"人们用什么办法来抓对虾，爸爸？"梅问。

通常，人们是用虾网来捕捉对虾的，有时也使用柳条编成的虾笼作为捕虾工具。我认为，除了英国南部海岸外，对虾在其他海岸并不常见。小虾喜欢沙质海岸，对虾的生活习性与此不同，它更喜欢石质海岸。

虾笼

我还记得多年以前在鲁尔沃斯吃过的一些我所见过的个头最大，也最美味多汁的对虾。在伦敦，这种甲壳动物每100只的售价高达18先令。

"破坏王" 船蛆

"这里有一段陈旧的木头，上面有好几个圆圆的洞。"杰克说，"爸爸，我想问的是，你认为这些洞是什么东西钻出来的？"

这些洞的直径约为半英寸，而且它们都顺着木头纹理的方向，所以我敢肯定地说，它们是由世界上现存的最有破坏性的一种动物钻出来的，这种动物被称为"船蛆"。不过，船蛆并不是一种蠕虫，事实上它是一种软体动物。这种动物身体细长，类似于蠕虫；壳很厚，又短又圆；身长一般有 1 英尺，不过有些个体也会长得更长一些；它们特别喜欢钻到木船、海桩及码头的木桩里去。

船蛆

在 1732 年，船蛆曾给荷兰人带来了严重的恐慌，据说，支撑他们海堤的木质结构的桩基遭到这种动物的疯狂侵袭，没过多久，这些桩基就被毁了，洪灾不可避免地发生了。处于灾难恐慌中的荷兰人用祈祷及斋戒祈求神灵保佑他们躲过灾难，因为除此以外他们根本不知道还有什么办法可以避免灾难的发生。最终，一场严重的霜灾彻底毁灭了他们的敌人，把他们从恐惧中解救了出来。

在木头外面包上铜皮是阻止这种动物进行破坏的一种保护措施。尽管船蛆在搞破坏时常常成群结队，但它们从来不会妨碍到彼此的活动，也从来不会穿越到彼此的前行路线上，这让观察到这种现象的人颇为吃惊。当船蛆在钻木头的过程中遇到偶尔出现的节瘤时，它会跨过当前木头的纹理以避开这个节瘤，但通常情况下它会沿着原来的木头纹理一直往前钻。至于这些动物是用什么器官钻出了这些洞，我认为关于这一点还没有一个让人信服的定论。

像贝壳的藤壶

"那些尖利的像贝壳一样的东西是什么啊？它们已经把这块大石头的大部分表面都覆盖起来了。"梅问。

它们是蔓足亚纲的藤壶。现在，海潮已经消退了，它们外壳上的膜瓣——这种动物外壳上有 6 个膜瓣——已经闭合起来，当潮水再次漫过这块石头的时候，数以千计的这种小动物就会张开它们的膜瓣，伸出纤细的触手寻找食物，并把找到的食物送进嘴里。这块还没有我的拳头大的石头上也满是藤壶，我要把这块石头放进一处水洼里，我敢说这些小东西很快就会打开膜瓣，伸出它们的触手。

藤壶

你们看，它们的膜瓣先是裂开一条细缝，接着扩大成椭圆形，现在大家可以看到一只卷曲着的像羽毛一样柔软的触手伸了出来，它慢慢地伸展开，形成扇形一样的形状。突然，这些触手像得到某种命令一样迅速地卷曲起来，并且在一瞬间又缩回膜瓣里面，膜瓣也随之闭合起来。然而，没过一会儿，膜瓣再次张开，触手又伸出并舒展开来。这种动作就这样不停地重复进行着。

海岩藤壶附着在石块的底部，它无法离开石块去其他地方获取食物，因此它只能待在壳里伸出触手来捕捉水流可能带来的微生物。不过，藤壶的幼体可以自由游动，它们跟父母在形态上差别很大，常常让人把它们误认为是在水渠及池塘里常见的某些水蚤种类中的一种。虽然很多动物的变态过程都非常神奇，但我认为海岩藤壶的变态过程或许是最令人震惊的。

有些国外的藤壶品种，比如分布于智利沿海的鹦鹉藤壶，个头可以长到五六英寸宽。智利人喜欢吃这个品种的藤壶，据说它的味道像蟹肉一样醇香和鲜嫩。

"可是，爸爸，"威利说，"它们就是那种曾经被认为会变成大雁的藤壶吗？我在你的一些书中的某些章节读到过这样的内容。"

不是的，你所说的那种藤壶叫茗荷，茗荷所属种类中的

茗荷

所有动物都有一条长长的、灵活而又中空的肉茎或肉足，它们就是通过这条肉茎或肉足附着在海底的动植物身体上、木桩上或船底的。

"爸爸，"杰克说，"你的意思是说真的有人会愚蠢到相信这种贝壳类动物会变成大雁吗？这样的人真是十足的傻瓜！"

孩子，在这个世界上有些人从来不会用自己的大脑思考并亲自检验就相信所有的事情。然而，事实上甚至有些成就卓越的人也相信藤壶会变成大雁。老杰拉德在公元6世纪时说过这样的话：

我们只讲述那些我们的眼睛看到过或我们的手触摸过的东西。在兰开夏郡有一座小岛，名叫"福尔德岛"。在岛上，人们发现了一些老旧而残破的船只，其中有些是遭遇海难的船只的残骸，它们保留着损坏的围壁及部分船身。岸边还有同样是被海浪冲来的古树及腐烂的树干，上面留着白色的泡沫。

随着时间的流逝，在这些东西上会覆盖起一层外形像贻贝一样的贝类动物，只不过它们的形状更尖一些，颜色也更白。壳里生长的生命看起来就像是用一段丝线精心编织成的丝织品，颜色当然也很白。它一头固定在壳的内部，就像牡蛎或贻贝那样固定在壳里面；另一端则固定在某些表面粗糙的物体上。

时间一长，这种动物就会慢慢长成一只鸟的模样。当它完全变态后，外壳就会打开，首先伸出来是像花边或像线绳一样的东西；接着，伸出像鸟脚一样的东西。在它长大后就会把壳撑开，除了它的喙仍然吸附在壳上，整个身体都和壳脱离。在它充分发育成熟后，它就会掉进大海里，在那里，它会长出羽毛，最后变成比野鸭要大但比鹅要小、长有黑腿和黑喙，以及灰白相间的羽毛的鸟，和我们常见的喜鹊很像。

在某些地方，这种鸟被称为安妮特雀，兰开夏郡地区的人把它称为树雁。在兰开夏郡及与之相毗邻的地区，这种鸟随处可见，只须花 3 便士就可以买到一只最漂亮的。如果有人对我所说的话的真实性有任何的怀疑，都欢迎他反驳我，我会用确凿的证据让他心服口服。

"天外飞仙"鳐鱼

"哇！爸爸，"杰克大声说，"这里有一截死鱼的尸体留在了海滩上，它肯定是一种长着长长尾巴的奇怪动物。"

显然，它是鳐鱼的一种，属于鳐科，或鳐形目。你们看，这些是它的牙齿。

"你指的是那些看起来一点儿也不尖锐的突起吗？"威利问，"我记得你以前给我们讲过，鳐鱼跟鲨鱼有着密切的亲缘关系，我还以为它们的牙齿也像鲨鱼的牙齿一样锋利呢。"

我相信，几乎所有鳐鱼的牙齿都平得像路面一样，这一点从我手里抓着的这条鳐鱼的嘴里可以看到。鳐鱼的幼鱼生长在一个角质的方形壳里，壳

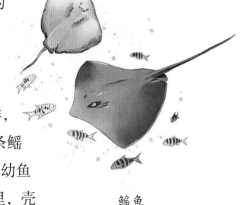

鳐鱼

上长着 4 只突出的角，看起来和在大的城镇里司空见惯的屠夫的托盘很像。它们的卵和我们在先前的漫步中捡到的鲨鱼卵相似，只不过 4 条突出的角要短一些，而且没有卷须。鳐鱼跟鲨鱼一样也都有 5 条鳃裂，只是这些鳃裂都位于身体的下面。

鳐鱼的牙齿非常适合用来咬碎甲壳类动物及软体动物，这些动物都是鳐鱼最喜欢吃的食物。鳐鱼种类繁多，有些被当成食物食用。有几种鳐鱼尾巴上长有锋利的尖刺，能够给其他生物造成可怕的伤害。

黄貂鱼，有时也被称为飞鳐，在南部海边并不罕见，这种鳐鱼的尾巴上拥有一件令人感到不寒而栗的武器——一根长长的、尖利的、拥有锯齿的刺，它具有强大的杀伤力。不过，这根尖刺是无毒的，这一点古人已经告诉过我们。考奇先生说，这种鳐鱼从来就不会被列入渔人捕捞对象的名单里。如果捕到它们，它们造成的麻烦可能会远远大于它们所带来的收益。

当鳐鱼上钩时，它会保持一动不动，给人的感觉就是钩住了水里的石头。在这种情况下，渔夫一定要有足够的耐性，因为不管你怎么使劲它都会一动不动地待在水里。不过，如果鳐鱼的头被提出水面，它的身体也会像风筝一样窜到空中。此时，渔夫一定要赶紧收线，不要让鳐鱼的头再次落到水里，否则，它又会很快潜到水里，沉重得像石头一样。

现在，我们应该乘火车回科尔温了。

漫步十

"小精灵" 蜂鸟鹰蛾

今天上午，我们在朋撒镇上闲逛的时候，在一家商店的橱窗里看到一只名叫蜂鸟鹰蛾的漂亮的昆虫。商店里的人非常友善地允许我们进去捕捉它，现在它已经被收集在梅的昆虫标本册里。

"鹰蛾"这个名字也适合用来称呼其他几种飞蛾，比如黑带红天蛾、鬼脸天蛾，等等，它们的共同特点是像老鹰一样飞，此外，它们的个头都很大。蜂鸟鹰蛾的飞行速度极快，人们据此可以马上把它们辨认出来。它们偶尔也会依靠快速拍动翅膀来保持平衡，然后优雅地悬在空中。由于蜂鸟鹰蛾展翅飞翔的样子和蜂鸟如此相似，以至于它们经常被人误认为是蜂鸟。

在花园里偶尔可以看到蜂鸟鹰蛾，它们悬停在某些花朵前面，把它们那长长的舌伸进花心里吸食花蜜。在1865年，蜂鸟鹰蛾在英格兰、爱尔兰和苏格兰的多个地方大量出现。

这种鹰蛾的毛虫身上有绿、黄、白、红棕、黑五种颜色，以条纹的形式排列着。它以蓬子菜和猪殃殃草为食。蜂鸟鹰蛾的尾巴分成多簇，使它看起来很像鸟。这是一种非常有趣的昆虫，而且我敢说，你们一定有机会在普雷斯顿的花园中见到它们。

蜂鸟鹰蛾

"飞毛腿"沙蚤

"爸爸，这些藏在干海藻下面不停跳动的小东西是什么呀？哈哈哈，你看它们跳动的样子真搞笑。"来到沙滩后，杰克发现了好玩的事情。

它们是沙蚤，杰克。它们非常善于跳跃，不过，并不是用脚来跳的，而是用尾巴。它们的尾巴很短，弯折在身体下面，就像弹簧一样。它们尾巴里的肌肉非常有力，所以它们跳得很高。法国人称沙蚤为"飞毛腿"。毫无疑问，曾被人称为虾的生物就是沙蚤：

在黄昏海面风平浪静时漫步海边，在潮水退去的沙滩上，我注意海边有一小团黑云状的东西，或者说像一团浓密的雾气，高约有半码，宽约有两三码。当我凑近仔细地观察时，发现原来那是无数只幼小的虾不断地从海边湿沙上跳到空中，然后落回沙地上。

如果某种静音动物想用某种动作来表达它们的喜悦，如果它们有意为它们的欢乐创造出某种标记，那么这种方式无疑是最易于让人理解的。假如说——我对此毫不怀疑——每一只小虾都在享受着快乐，那么我眼前所看到将是多么大的满足和快乐啊。

抓一只这样的小家伙，威利，双手合起来把它捂住。你感觉到它是多么希望能够从你的手指间逃脱了吗？你感受到它强大的力量了吗？在水里永远都不可

沙蚤

能找到沙蚤，因为它们喜欢居住在海滩上正在腐烂的海藻或其他东西下面，这些东西可以有效地阻止灼热沙滩上的水汽蒸发。戈斯先生曾告诉我们，他在半腐烂状的海藻堆里发现过沙蚤，由于发酵作用，那里的温度高得几乎让他的双手无法承受。

"它们以什么为食，爸爸？"杰克问。

它们在食物这方面既没有特别的要求，也不会过分挑剔，几乎所有死去或腐烂的动物尸体都是它们喜欢的食物。韦斯特伍德教授和斯彭斯·雷特先生说，他们曾经看到沙蚤在享用一条普通的蚯蚓。被淹死的小狗以及因同样原因而死去的其他哺乳动物对沙蚤来说都是美味。如果它们找不到其他东

西食用，它们就会同类相食。

我们的朋友斯温先生告诉我们，有一天，他在参加沙滩野餐派对时，看到海滩与水交接的地方积聚着何止是数以百万计，简直可以用车来装载的沙蚤。它们不停地蹦蹦跳跳，把吞食对方完全当成是一种淘气和嬉闹。一位女士落到这些沙蚤里的一块手帕很快就被这些小东西咬得千疮百孔。

沙蚤是环颈鸻及其他沙滩鸟类非常喜欢的食物。此外，还有人观察到有两种甲虫也捕食沙蚤。

"爸爸，快走开，"梅赶紧说，"不然这些讨厌的东西可能会把我们吃掉。既然它们能吃掉那位女士的手帕，那它们或许也不介意吃掉我的裙子。我一点儿也不喜欢这些沙蚤。"

五指海星

这里有一只海星。渔夫通常把海星称为海盘车。你们看，它还活着，而且正在移动它的几条长着吸盘的脚。海星属于棘皮动物，棘皮动物有着刺猬一样扎人的外表。

"在这只海星身上我没有看到任何又长又尖的刺，"威利说，"因此我不认为它像刺猬。"

可能是不太像，但是在棘皮动物中，有些动物身上的刺非常明显，比如所有种类的海胆目动物。现在，人们已经证明海星、海胆以及海参之间有着非常明显的亲缘关系。我希望有一天我能为你们提供最有趣也最有教育意义的观察对象，让你们了解这种动物是如何像微小的蠕虫一样移动它们的吸盘的。

海星　　　　对海星、海胆以及海参而言，这些吸盘便是它们的行动器官。在玻璃上观察一只海星或海胆爬行是一件非常有意思的事。我们会看到大量像蠕虫一样的吸盘，来来回回地移动。这些吸盘先吸附到玻璃上，然后再凭借肌肉的作用力把整个身体拉过去。

在英国沿海发现了多种海星，有太阳海星、鸟足海星、筛眼海星、海百合海星、海蛇尾海星以及沙星海星，所有这些海星在我以前跟船出海拖网时都曾看到过。

"但是，"杰克说，"我想知道更多有关这种普通海星的知识，它对我们自己外出寻找它们以及观察它们都有帮助。不过，我还是希望有一天你能带我们出海，让我们亲眼看看从海底捞起的那些奇怪的动物，那将是一件多么让人开心的事啊！"

你说得不错，我们或许会有这样的机会。等你们长大些后，在自然史方面积累了足够的知识，可以更好地理解自己所观察的东西后，我会带你们出海的。不过，现在要接着谈谈海星。

海星似乎是一种不受沿海居民欢迎的动物，一是因为海星是牡蛎的天敌，它们成批成批地侵袭牡蛎养殖场，吃掉鲜美的牡蛎肉；二是因为海星及其所有的近亲经常侵扰垂钓者，时不时地把鱼饵咬走。

"海星如何才能打开牡蛎壳呢？"威利问，"有时，我看见你即使借助于牡蛎刀，也要好一会儿才能打开牡蛎壳。"

古人认为，海星一直待在牡蛎旁边，等待着牡蛎打开壳。只要牡蛎刚刚张开一条小缝，海星就趁机把它的一根"手指"插进去，迫使牡蛎完全打开外壳。

伸进牡蛎里的海星

多刺的海星悄

悄潜行，

靠近牡蛎紧闭的庇护所。

只要牡蛎稍稍打开外壳，

窥伺的海星就趁机插入手指。

壳内的珍宝被掳掠一空，

只剩下空壳装点沙滩。

"我的天哪，这太有趣了！""可是，爸爸，"梅问，"为什么牡蛎不赶紧关上它们的外壳，以夹住海星先生的"手指"呢？牡蛎有时候的确会关起外壳以夹住入侵的动物，难道不是吗？"

是的，弗兰克·巴克兰先生曾给我们讲过一只牡蛎通过这样的方式夹住一只秧鸡的故事：

前些时候，在检查法尔茅斯附近的赫尔斯顿牡蛎养殖场时，希尔先生告诉我说他有一只被牡蛎夹住的鸟的标本。这只鸟带着那只牡蛎都被彭赞斯市的温格尔先生保存在一只盒子里。我从希尔先生那里得到了一张这只鸟的照片，我找人把它被夹住的样子刻了下来。

这个故事要追溯到一天早上，有一位卖牡蛎的妇人到海尔福特河里去采集牡蛎，她在河边发现一只鸟——一只普通的秧鸡——死在那里，它的喙被一只仍然活着的牡蛎死死地夹住。

据猜测，这只鸟儿当时正在河岸边寻找它的晚餐，而牡蛎先生——可能是被潮水冲上岸后已经搁浅了很长一段时间——正张开着它的贝壳，等待着潮水涨起来。这只饥饿的秧鸡看到了这只牡蛎，它以为那是某种白色的味美的食物，就用它那尖锐的喙朝着牡蛎的肉啄去。牡蛎马上合上了它的外壳，快得就像捕鼠夹一样，这只可怜的鸟儿立即变成了一个囚犯，最终被囚禁到死（也有可能是被涨起来的潮水淹死的）。

"牡蛎捕手"蛎鹬

　　"不过，"威利又问，"海星如何能毁掉牡蛎呢？"

　　长期以来，关于海星这样柔弱的动物是如何毁掉牡蛎的这个问题，包括博物学家在内的人们一直无法理解，因为大家都知道海星是无法吞下牡蛎的。对于小型甲壳类动物及蠕虫，海星可以轻易地把它们整个吞食掉，但它是如何吃到牢牢锁在牡蛎壳里面的牡蛎肉的呢？

　　我只知道别人的一些看法，没有亲眼看到过。据说，海星是通过这样的方式吃到牡蛎肉的：它用吸盘牢牢抓住牡蛎壳，然后把它的胃部向外翻出来，把牡蛎整个包裹起来，同时，它的胃会缓缓分泌出一些具有麻醉作用的液体，可怜的牡蛎被麻醉后只好任由海星摆布，成为它口中的美味。不管这种说法是否让人信服，海星能对牡蛎养殖带来严重破坏这一事情是毫无疑问的。

　　许多种海星在遇到危险的时候都会抛弃它们的肢体，因此"四指"或"三指"海星并不少见。其中有一种被称为脆砂海星，人们几乎不可能得到这种海星的完整个体，因为它具有断肢逃生的习性。

已故的爱德华·福布斯教授曾经因为得不到完整的脆砂海星的样本而苦恼不已。有一天，他想了一个办法。他在拖网渔船上装了一桶淡水，想用它来瞬间杀死拖网里可能打捞上来的任何海星。"正如我所预料到的那样，"他说，"拖网网住了一只非常漂亮的脆砂海星。因为脆砂海星在被提出海面之前通常不会断肢逃生，因此我非常小心同时也满怀期待地把装满淡水的桶沉到与拖网网口齐平的位置，希望它能游到我的水桶里来。或许是因为它对淡水或水桶感觉惊惧，或者是因为其他我不知道的原因，它在一瞬间便开始自我肢解，我眼睁睁地看着它的肢体从拖网的网眼里逃走。情急之中，我抓住了最大的一块残肢，以及带着一只显示出临终神情的眼睛的触手，那棘状眼睑一睁一合，和嘲讽的眼神非常相似。"

"不是有一种鸟叫蛎鹬吗？"杰克问，"我在想它是否也试图吃到这些贝类动物壳里面的肉，它们的遭遇是否与那只秧鸡相同。"

吃牡蛎的蛎鹬

蛎鹬，通常被称为采蚝者，是一种在英国海边很常见的鸟。这种鸟黑白相间，善于奔跑和游泳，还是个潜水高手。它的喙约有三英寸长，喙开始的地方为深橙色，越接近喙尖颜色越淡。在利物浦市场上偶尔会见到有这种鸟出售。

蛎鹬

古尔德先生认为，指责蛎鹬破坏人们所珍视的牡蛎其实对蛎鹬是不公平的，虽然它们经常从岩石上啄下帽贝来吃，也破坏过其他一些小型软体动物、蠕虫以及其他海洋生物。

耶雷尔先生说过，蛎鹬的雏鸟常被人们驯养起来，它们跟家禽相处得非常融洽。卫斯曼先生曾见过一只吃腐肉的乌鸦在海水处于低潮时来到海滩，抓起一只牡蛎，飞到高高的空中，然后将牡蛎扔到地上把壳摔碎，再飞下来吃掉牡蛎肉。

"小牡蛎是什么样子的，爸爸？"威利问，"又是什么使得它们如此稀少和珍贵呢？"

小牡蛎在离开母体的套膜时一点儿也不像它的父母。它长着用来游泳的器官，这种器官是由某种纤毛垫形成的。小牡蛎通过不停地摆动纤毛垫上无数细小的纤毛，就能在水里游动觅食或寻找栖身之处。我并不知道它这种四处漂泊的生活会持续多久，但最终它会在一些旧贝壳或其他海底物体上定居下来。一只牡蛎从卵长成可以上市销售的成年牡蛎通常需要四年时间。

关于牡蛎为什么如此珍稀我无法回答你们。平缓的海浪和温暖的天气似乎是牡蛎产卵所必需的两个条件，然而在它们的产卵期却很少遇到这样的条件。也许在几年之后，在布赖顿的全新的大型水族箱里就可以进行这样的试验，目前这个令人感到困惑的问题就可以得到解决。

"那只正在攀爬这块大石头的漂亮贝类动物叫什么？"梅问。

这是一种蝶螺，是一种个头大而且很好看的品种。它长有一条锋利的锉刀状的舌头，在显微镜下看起来是一种很漂亮的东西。各种不同的"蝶螺"都是水族箱里的有益动物，因为它们那锉刀状的舌头可以

蝶螺

清除掉丝状绿藻。如果没有蝶螺，这种绿藻很快就会覆盖水族箱的整个水面。海水正迅速涨起来了，我们得回去了。

向所有河流、岩石和海岸致敬！
还有那波涛汹涌的海洋！

你时而在阳光下辉煌灿烂，

挥桨过后留下阵阵涟漪，

你时而又用狂风吹起海面上的浊气，

天边柔软的白云从你的怀里轻轻飘过，

银翼海鸟直冲高空，

就像夜空中的流星闪耀，

或者潜水逐鱼，和海浪嬉戏，

海浪形成的白色泡沫，就像一只只美丽的天鹅。

漫步十二

鼠海豚不是鱼

今天早上的这场风暴真是让人惊心动魄！海风几乎跟飓风一样猛烈；海面上波涛翻滚，撞出一片一片白色的泡沫；海水怒吼着冲上海岸，猛烈地拍打着。惶恐的海鸥尖叫着在海面上穿梭，似乎是在议论着这愤怒的海浪到底在述说着什么。看，海浪是何等怒气冲冲地撞击着远处那露出海面的岩石。

> 海浪翻涌，嘶声怒吼，
> 就像遇到火一样逞强不弱，
> 它把愤怒的水雾喷向苍穹，
> 卷起重重海浪，从不停息，
> 就像远处滚滚而来的惊雷，
> 把心中的愁云涤荡一空。

多年前，当我和你们的母亲在海峡群岛中的赫姆岛度假时，我见到了迄今为止我认为最壮观的海上风暴。现在正是秋分时节，一连下了好几天的暴雨，其间偶尔有短暂的停歇。我们到海滩上去，去接受呼啸的狂风的洗礼吧。

狂风不但伤不到我们，而且我敢说，它还会把一些奇特的动物吹到岸边。果然！你们看，在前方不远处的海面上不停翻滚着的是什么东西？它们在海浪里露出黑色的身体，一两秒钟后就消失了。

"我知道，"威利说，"它们是鼠海豚。那里！有一只高高地跃出了海面。鼠海豚不是鱼，这一点跟鲸鱼一样。它们不是靠鳃在水中呼吸的，而是浮到海面上来吸进大量空气。我说得对吗，爸爸？"

鼠海豚

你说得非常正确，威利。尽管鼠海豚的形态和鱼类很像，但它和鲸鱼一样，也不是鱼类，而是哺乳动物。也就是说，它需要给幼崽哺乳。鼠海豚是温血动物，而鱼类则是冷血动物。

几年前，在伦敦的摄政公园的动物园里养着一只鼠海豚，看它在水箱里游来游去是一件非常有趣的事。它会时不时地在水面上露出它头部正上方的鼻孔或"气孔"，在吸足了空气后再沉入水中。

你们还记得大约在两年前惠灵顿的鲍令先生送给我的那只鼠海豚吗？它的脂肪层多厚啊！这层脂肪被形象地称为罩衣或毛毯，可以阻止体外寒气入侵和体内热量散失。它还有助于增强鼠海豚在水中的浮力，因为脂肪明显要比海水轻。我的那只鼠海豚死后，我把它的肉尽可能地剔除掉，然后把处理过的骨架埋在花园里。找个时间我们把它挖出来，把它拼接成一个骨骼标本。

像口袋的海鞘

"爸爸，"梅说，"这个一端吸附在这只扇贝壳上的看起来像坚韧的革质口袋的东西是什么？"

这是一种海鞘目动物，或被称为被囊类软体动物。你们看，如果我用手指按住它，就有水从它身体背部的两个孔里喷射出来。因为这种动物的外表有一层皮革状的皮肤，因此它们被称作海鞘目动物。

我曾经捉过几只这种动物，它们的身体结构很耐人寻味。通常，它们都附着在岩石、贝壳或海藻上，不过也有一些漂浮在海面。这种动物种类繁多，其中有些种类拥有非常漂亮的颜色。它们的食物以鼓藻、硅藻以及其他海

海鞘

藻的孢子为主，通过无数根纤毛把食物送到嘴里。

让人感到奇怪的是，它的嘴不在"袋子"的前端，而位于"袋子"的底部。纤毛不停地搅动，形成水流，从而把水中细小颗粒送到嘴里。"袋子"顶部的两个孔很容易让人想起某些软体动物身上的虹吸管，在前几次漫步中我已经谈过虹吸管的作用。我们把吸进水流的那个孔称为"吸水孔"，而把排出水流的那个孔称为"排水孔"。

几年前，我在根西岛找到多组水晶状的海鞘，当时的狂喜至今我记忆犹新。因为它们的被膜几乎透明，因此很容易把这种漂亮的小动物的身体结构看得一清二楚。

"幼海鞘是什么样子的？"杰克问，"它们也会经历变态过程吗？"

刚孵化出来的幼海鞘看起来很像蝌蚪，身体为椭圆形，有黑黑的眼睛和短短的触手，还拖着一条不停地摆动的长尾巴。这条尾巴最终会被身体完全吸收，到那时幼虫才具有它的父母的形态。

乌贼会喷墨

"噢！我发现了一种非同寻常的东西。"杰克说，"它纠缠在一团海藻中，质地看起来很像海葡萄。多么有趣的想法啊！竟然想到葡萄生长在海里。"

你所发现的是一只乌贼产的卵。就像你所说的那样，它们看起来很像葡萄，只是乌贼卵要尖一些。它的柄端连接到或缠绕在海藻上。你们看，虽然这些卵摸起来很柔软，但它们表皮坚韧得像橡胶一样。当幼乌贼发育完成后，卵膜便会被它们顶破，乌贼正式开始自己的生命旅程。

成年乌贼约长1英尺，身体呈椭圆形，体表看起来脏兮兮的，上面布满了可舒

乌贼卵

展和收缩的彩色斑点。这些斑点的颜色和形状会发生改变，我曾三四次观察到这种奇特的现象，甚至在乌贼死后这些色斑还会发生变化。乌贼的嘴边长着10条粗壮的腕足，其中有8条腕足长度相等，每一条腕足上都长着两排吸盘。另有2条腕足要明显长于其他8条腕足，乌贼对这2条腕足最为依赖。

乌贼还长着1条贯通全身的侧鳍，据说凭借这条侧鳍乌贼可以跳出海面，并且还能在空中滑翔一段距离，这就是它们又被称为"飞行乌贼"的原因。当海面上风平浪静时，在北纬30°的海面上比在其他海域更容易看到

乌贼

飞行乌贼出现，有可能是受到长鳍金枪鱼的追捕。它们一群一群地从深海中游上来，争先恐后地跃出海面，跳跃的方式、高度和滑翔的距离几乎和飞鱼一模一样。许多乌贼在滑翔时被鸟抓住，有一只乌贼为了逃避鸟儿的追击而拼死一跃，跳到比船的舷墙还要高的空中，然后重重地落到甲板上。

威利问："画家画画使用的那种被称为乌贼黑的颜料是从乌贼的身体中提取出来的吗？"

的确是这样的，或者更准确地说在过去的确是这样的，因为现在已经不再从乌贼的身体中提取这种颜料了。乌贼的

体内有一个梨形袋囊，里面装满了黑棕色的液体，通过一根导管跟乌贼的排水虹吸管相连，墨汁一样的液体可能通过这条管子被有力地喷射出去。

"这种墨汁状的液体对乌贼有什么作用呢？"杰克问。

它可以帮助乌贼逃生。当遇到捕食者追捕的时候，乌贼就会喷出这种墨汁状液体，把周围的海水染黑，让敌人无法看到自己逃跑的方向。古希腊人及古罗马人早就知道了乌贼的这种有趣的技能，有几个人还在他们写的诗文中提到过这一点。他们也把乌贼的墨汁当成墨水使用，从佩尔西乌斯写的以下几句话中可以证明这一点："……他抱怨说墨汁变得太黏稠，让他的笔尖变得像棍子一样硬。他往墨汁里加水，黑褐色的墨汁变得很淡很淡，很容易从笔尖上滴下去把纸弄脏。"

下面这件事情中乌贼的行为肯定会让你们捧腹大笑。

有一天，一位英勇的军官穿着一条白色的长裤去海边捡贝壳，他偶然发现一只乌贼正舒舒服服地趴在一处岩石洞穴里，他们相互对视着。事实上，眼睛长在头部两侧的乌贼早就发现了敌人，它把排水虹吸管瞄准这位不速之客，又用力把墨囊里的"好东西"准确地喷射到军官那条白裤子上，然后迅速逃走。军官的裤子被弄得污浊不堪，让他既不能穿着它走进客厅也不能去餐厅。

乌贼的嘴像鹦鹉的喙一样强而有力，能给人造成严重的伤害。你们看，海风在海岸上刮起一阵阵的沙尘。杰克，威利，你们俩可以试着和风赛跑，看谁的速度更快。噢，梅的帽子被风刮走了，你们快去追帽子。太棒了，威利，你几乎是在帽子落水的一刹那稳稳地抓住了它。

"这只躺在沙滩上的像长剑一样的壳是什么？"梅问。

这是竹蛏的壳，不过里面的动物已经不在了。居住在壳里的动物能够在沙里挖洞，它也可以通过张合外壳在水里快速游动。虽然我从未吃过竹蛏的肉，但我认为它的味道应该很鲜美。在春潮消退后的海岸上可以看到它们半露在洞穴外，显然是在为它们的鳃吸进足够多的氧气。这种动物感知空气中的

竹蛏

振动跟感知地面上的振动一样敏感，根据不同的大气状况及不同的风向，使它们产生警觉的距离也不同。当竹蛏受到惊扰，它会迅速地收缩身体，喷射出一道强有力的水流，同时伸长并弹出它那锥子一样的脚，迅速地钻到沙下两三英尺深的地方。

要抓竹蛏需要相当机敏，因为在竹蛏只把一部分身体露出洞外时，你无法靠近它并把它抓住——它的肌肉强壮有力，相对于它的身体尺寸而言，它的肌肉爆发出的力量要远远大

于人类——如果你用双手在它们身后挖沙，在这场比赛中，你肯定必输无疑。

杰克，我记得当有人告诉你只要把盐撒在鸟尾巴上，鸟儿就会一动不动地站着等你去抓时，你总嘲笑人家愚昧。然而，当你听到人们用盐来抓竹蛏时，就不应该再有那样的想法。通常，渔夫把一小撮盐放进竹蛏居住的洞里，竹蛏马上就会扑扑地跳出洞外。

"为什么它们这么害怕盐呢？"威利问。

有些渔夫认为，把盐放进洞里后，竹蛏以为是海潮涨上来了，所以就从洞里跳了出来。我认为竹蛏之所以跳出洞来，可能是因为有棱角刺的盐粒黏在它们那柔软的外膜上，弄得它们非常不舒服，所以想通过跳跃的方式抖掉身体上的盐粒。

在那不勒斯，人们抓竹蛏的方式非常有趣。沙滩上的竹蛏洞告诉人们竹蛏的藏身之处，洞的大小跟竹蛏大小相当。当海水降低后，渔夫会在洞口处喷一点儿油，然后他左手扶着一根棍子以保持身体平衡，用缠着麻布的右脚伸进洞里去抓竹蛏。当他用脚踩住竹蛏后，就用大脚趾和第二根脚趾把它夹出来。尽管右脚上缠着麻布作为保护，但竹蛏在剧烈挣扎时，它那锋利的外壳边缘仍然会给他的脚造成严重的伤害。

当海水有五六英尺深的时候，他们又会采取另一种方法来抓竹蛏。渔夫会睁着眼睛潜到水下，发现竹蛏洞后用双手挖掘，直到把竹蛏抓出来。有时候，竹蛏会做激烈的挣扎，哪怕是自己的脚被扯断，甚至挣扎至死也不愿意束手就擒。在有些地方，渔夫以抓竹蛏为生。他们把一根细长的铁丝的一头磨尖，然后把它弯起来。当他们发现有竹蛏存在的洞时，就把铁丝猛地插进去，一直插进竹蛏两瓣壳中间的肉里，然后把竹蛏钩出来。

这里又有一只蛾螺壳，它的主人也在家，或许是昨晚的大浪把它从深海里冲上岸来的。我们把它放在这块石头上，它或许会爬动起来。果然不出我所料，你们看到它的两只角和肥大而又扁平的身体了吗？

这里还有一只樱蛤壳，它的主人同样在里面。我把它放进这个装着海水的瓶子里，然后撒一点儿沙子进去。现在，你们看到它那两条长长的虹吸管了吗？它是靠通过一条管子吸水再从另一条管子排水来呼吸的。

这里又是一只斧蛤壳，运气真好，里面的动物也还在。这是一只旧牡蛎壳，上面布满了筛子一样的孔。很多人遇到这种动物被蠕虫吃掉肉后留下的壳时，甚至连看都不会看一眼，或者顶多只是瞥上一眼就会把目光移开。还有些人可能还会想起自己吃过的鲜美的牡蛎大餐。不过，当我们对自然史有了更深的了解后，像这样的一个空壳也

牡蛎壳

会引起我们的极大兴趣。尽管如今的旧壳看起来简单而普通，但如果把里面的"居民"从它安静地生活在坚固的家里，到抗击一切入侵者，再到身死壳空的过程记录下来，这段历史肯定会写出长长的一卷。

这个空壳就像是一座破落的要塞，各个地方都被炮火攻击得千疮百孔。可以想象，这只牡蛎肯定遇到过很多敌人。首先袭击它的很可能是些小小的海洋蠕虫，这些蠕虫在钻透它的壳后从各个部位对它发起攻击。起初，它用新分泌出的钙质对这些破洞进行修补，这些物质集聚在它那柔软的肉和敌人伸进来的嘴之间，暂时阻止敌人的进一步入侵。可是，这帮家伙是多么贪得无厌，肯定不会轻易放手的，于是转而在其他新的位置上重新发起攻击，一直到这只可怜的牡蛎几乎耗尽力气为止。

接着，在这些蠕虫钻透的孔里一种寄生性的海绵很可能已经开始生根，这种海绵会进一步侵蚀到它的要害处，从而导致壳里的某处软组织开始腐烂，进而扩展到整个机体。在遭受了接二连三的袭击后，这只可怜的牡蛎终于死去，它的外壳也开始松开，任由海浪摆布。

"海燕"名字的来历

　　那只飞得有些疯狂的小鸟是什么鸟？我确信那是一只海燕，是昨晚的大风把它带到海边来的。海燕是已知的蹼足鸟类中个头最小的，经常被大风吹到深入内陆很远的地方。甚至有人在考文垂、伯明翰以及伯克郡靠近纽伯里的地方抓到过这种鸟。

　　海燕主要生活在海洋上，除了繁殖季节很少飞到陆地上来。它们一次只产下一枚小小的白色的卵。有人认为，只有在暴风雨到来之前，它们才会出现在人们的视线里，因此有一些迷信的水手认为看到海燕是一种不祥的征兆，并且把海燕称为"女妖凯莉的小鸡"。因为这种鸟习惯贴着水面飞行，所以就给它取了"海燕"这个名字。

　　耶雷尔先生说过，在大西洋很大一部分海面上空都可以看到海燕的身影，它们以漂浮在海面上的小鱼、甲壳类以及软体动物为食。这种鸟会跟随海船飞行许多天，有时候它们只是想找个停歇的地方，有时也是为了捡食从船上扔到海里的各种食物残渣。为此，每当船上有东西倒进大海时，它们就会俯冲下去。考奇先生曾经解剖过一只海燕，在它的胃里发现了一截约半英寸长的羊脂蜡烛。这种个头的鸟能够吞下这么长的东西，的确让人感觉非常惊讶。除了现在我们看到的这种海燕，其他种类的海燕偶尔也会飞到我们所在的海岸来。

海燕

洗碗的海绵从哪里来?

　　这里有一块非常漂亮的海绵。它由多条分支构成，每条分支的大小和鹅毛管相当；它的身体呈浅沙色。海绵很常见，也很有趣。现在，它仅仅剩下一副角质的骨架，但是当它还附着在岩石上的时候，这副骨架被有生命的果冻一样的物质包裹着。

　　这种海绵经常在被海浪冲上岸边的垃圾堆里找到。在这只动物还活着的时候，按哈维博士的说法，这些角质纤维中的每一部分上都覆盖着一层半液体状的黏糊糊的物质。这种物质看上去一动不动，看不出任何生命迹象，事实上它正是这块海绵所承载的生命。显然，这种黏性物质不具备感知能力，因为它在受到侵扰的时候没有任何收缩反应。

　　成年海绵跟动物的唯一相似之处在于，它会持续地吸入并排出水流。只要我们观察任何一个种类的海绵——比如我手里拿着的这种海绵——都可以看到它们身上那些无处不在的孔。这些孔洞可分为两类，一类尺寸较大，数量较少，形成连接到中心的粗大管道或通道；另一类尺寸较小，但是数量极多，布满了海绵的整个表面，与构成海绵骨架的分支通道相连通。

按格兰特博士的话来说，只要海绵还活着，这些微型小孔就会不停地吸进海水，然后从这些粗大的孔洞中排出。如果把一只较小的活海绵放在实验用的表面皿上或其他装着海水的浅玻璃器皿中，再放在显微镜下观察，就可以看

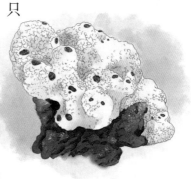

海绵

到水流的运动。水中的养分颗粒通过水流被吸收到海绵共同的胃里，不需要的东西则会通过这些管道排出去。

"我们用来洗碗的海绵是从哪里来的？英国的海绵也可以用来洗碗吗？"威利问。

我认为没有一种英国的海绵用于这个目的。商业贸易中的海绵主要采自地中海，土耳其的士那麦是全世界最大的海绵交易市场。海绵可以分成三种：角质海绵，里面的骨片非常少，这种海绵主要用于商业贸易；硅质海绵，里面含有大量硬质骨片；钙质海绵，里面含有许多钙质骨片——这是一种类似于软骨的物质。这些海绵结构不同，形态各异。有很多

种海绵在显微镜下看起来都非常漂亮。

海绵能够通过分裂不断地增长，通过从覆盖骨架的柔软胶状物质里冒出来的胚芽繁殖。胚芽呈椭圆形，体表长满了纤毛。我想，现在大家对"纤毛"这个词应该很熟悉了。在海绵成长的某个阶段里，它们就通过摆动纤毛在水里游动，这和那些长有纤毛的微小动物一样。随着时间的推移，它会最终固定在海里的某些物体上，并逐渐长成我们常见的海绵的形态。等回到普勒斯顿后，我会给你们展示更多海绵的胚芽和不同的骨片。现在，我们应该回去了。

漫步十二

能蜇人的水母

今天的大海跟我们在四天前那次海边漫步时看到的大海形成鲜明的对比。海面上吹着丝丝微风，海水平静如镜。此时的大海如此的平静和波澜不惊，让人很难想象到几天前那种波涛汹涌的样子。然而，对于我来说，不管是哪种天气，大海始终是令我感到好奇和快乐的源泉。

在暴风雨的天气里，我们期待海浪给我们带来一些有趣的海洋动物和植物；在风平浪静的时候，除了在海边漫步外，我们还可以观看水母在水中欢快地游来游去。只是当海面上波涛汹涌的时候下海游泳会很危险，而在海面风平浪静的时候下海游泳则可以乘兴而来，尽兴而归。

"是的，爸爸，"威利说，"不过，在海面风平浪静的时候下海不是更容易被你最喜欢的水母蜇伤吗？你肯定记得，那天早上在吃早餐前，你、杰克和我一起下海游泳时，你的胳膊就被一只水母给蜇伤了，当时的海面就是风平浪静的。被水母蜇到一定很痛吧？"

那种感觉跟针刺一样，疼痛感似乎还要强烈些。我的胳膊上被蜇到的地方有一处明显的红斑，直到大约两个小时后疼痛感才有所缓解。

"水母用什么东西来蜇人呢？"杰克问，"它们又没有蜜蜂或黄蜂那样可怕的尾针。难道不是吗？"

你说得有道理，事实上，能蜇伤人的水母可能只是一小部分品种，它们的刺针就藏在水母皮肤上的小囊里，看起来像是一条螺旋线。英国海洋里的霞水母是一种最可怕的动物，它让所有皮肤娇嫩的游泳者感到恐惧。这种水母宽宽的身体长着穗边，呈黄褐色的圆盘状，足足有一英尺长。它们扇动着身体在消退的潮水中优雅地游动着，身后拖着一条长长的带状腕足以及似乎长得没有尽头的拖丝。

霞水母

水母的身体已经远离我们，这些拖丝就向我们指出水母的去向。那些不幸而又鲁莽的人一旦闯进这个姿势优雅的怪物所走过的路径时，会立即被这些拖丝缠住，瞬间就会遭受全身被针刺一样的酷刑。每一次挣扎都只会让缠在身上的这些毒丝缠得更紧，根本不可能把它们摆脱掉。

在发觉自己被一个惊恐万状、拼命挣扎的受害人所拖住的时候，水母不会寻求与这位强大的两足动物展开正面交锋，而是选择挣断那些拖丝，然后游走。这些拖丝好像能感受到自己被母体抛弃，它们把一腔怒火都发泄在肇事者身上，就像仍然在执行原来的主人亲自下达的攻击命令一样，不遗余力地蜇刺着受害者。

幼水母跟成年水母一点儿也不像。在过去，它曾被认为是一种跟淡水池塘里的水螅虫有着亲缘关系的某种成年动物，因为它们的外形和淡水水螅非常相似。这种小动物也因此被称为管状水螅虫。当幼水母刚被孵化出来时，它的身体呈椭圆形，全身都长着纤毛。随着时间的推移，它会依附到某些物体上，长出四条腕足或触手，随后，这样的腕足会越长越多。

水母

在这个时候，胚芽或胚从它身体侧面生长出来，就像你们可能还记得的淡水池塘中的水螅身上发生的变化一样。然后，它的身体不断地变长，身体表面也会长出褶皱。这些褶皱会渐渐加深，并在边缘上长出触手。最后，每一只幼水母都会与母体分离，作为一个独立的个体游走。这些水螅虫一样的生物最终会长成成年水母的模样。

像灯泡的球栉水母

　　哈哈！我在水岸交接的地方发现了一件宝贝。它跟玻璃一样透明，在阳光的照射下就像一颗大大的露珠。如果我没有记错的话，这就是球栉水母，你们看它多可爱啊。梅，你去把这个瓶子装满干净的海水。逮住你了，现在我要把这颗小小的水晶球——这个小东西和豌豆差不多大——放进瓶子里。

　　现在，你们可以透过瓶底看到它那两条长线状的突起，这些突起可以缩进身体里。至于这些优美的附属物有什么作用，目前仍然不为人所知。这种动物最漂亮的身体部分是让它能够从一个地方游到另一个地方的身体组织。

　　"从这个半透明的小球体的一端延伸到另一端的细小条纹，就像地球仪上

球栉水母

的经线一样。"琼斯教授说，"这些线之间的距离相等，其中有八条宽带状触手比身体其余部分的触手排列得更一致。在这些带子上分布着三四十只'桨'——又宽又扁的板形鳍片，这种小动物通过划动这些板形鳍片从而四处游动。其中体现出人类的创造和大自然的创造之间的不同之处。人类要驱动车轮需要很多烦琐的设备，比如火炉、锅炉以及驱动车轮转动的巨大力臂，但在这种动物身上完全不需要这些东西，因为这些桨本身是有生命的，它们能够根据所需要的力度划动，不仅可以独自划动，还可以集体按所需要的任何方式默契地划动。"

这里有几只海葵，是普通的表面很光滑的那一种。不过，正如我所说的那样，在这片海域，我们可以见到的海葵种类并不多。我希望将来我们能有机会到藤比或韦茅斯去度过一个海滨假期，在那里我们就可以见到种类众多的美丽海葵。麦奈海峡也是一个非常不错的狩猎场。我们要记住这个地方，等到海浪合适时我们就去那里走走。

会"钓鱼"的琵琶鱼

"这条躺在沙滩上的像水蛭一样的东西是什么？"威利问，"它是活的吗？"

这是鳐鱼扁水蛭，是鳐鱼身上最常见的寄生虫。它借助自己的吸盘牢牢地吸附在鳐鱼身上，然后吸食鳐鱼的血液。它会产下卵鞘，外形和荔枝螺的卵鞘有些相似。

"这是某种鱼的颚骨，"杰克说，"它可能是在前几天的暴风雨中被冲上岸来的。"

这种鱼有一个很奇怪的名字，叫琵琶鱼，也被称为老头儿鱼。这种鱼非常贪吃，长着大大的头和宽宽的嘴。因为这种鱼不是非常善于游泳，所以需要依靠计谋来捕食。

琵琶鱼生活在深海且缺乏光线的环境中，其头部吻上通常长有一个类似钓竿的结构。这个"钓竿"的末端带有一个肉质的突起，形状酷似蠕虫，琵琶鱼利用这一特征来引诱并捕食其他贪食的鱼类。

琵琶鱼会先躲藏在水底的沙子或泥土里，只留这根"钓竿"在外面，以最能吸引鱼儿的方式朝各个方向运动着。有些贪吃的鱼会误认为那是一条美味的沙虫，当它们游到琵琶鱼先生头上时，琵琶鱼先生会突然跃起，一口咬住某个不幸的家伙，然后

琵琶鱼

迅速把它们吞下去。尤为特别的是，由于它们所处的深海环境光线稀缺，琵琶鱼的"钓竿"末端还配备了发光器官，能够发出冷光，进一步增强其诱捕其他鱼类的能力。因此，琵琶鱼也被形象地称为"电光鱼"。

在利物浦的布朗博物馆里有一副非常漂亮的琵琶鱼骨架标本。我们下一次去那里参观时，一定要仔细观察被这种鱼当成诱饵的钓竿是如何连接到头骨上的，在那副标本上你们可以看得清清楚楚。

美味烤帽贝

　　杰克，你去拿几只帽贝给我，它们就附着在那块石头上。我要给你们展示一下这种软体动物那奇怪的像锉刀一样的舌头。

　　"好的，爸爸，我这就去。它们紧紧地吸附在石头上，我不能掰动它们，我还以为我可以轻易地把它们给捡起来呢。"

　　那当然，这种帽贝的腕足的肌肉非常有力，足以让它牢牢地吸附在石头上。

> 远远望去，它似乎只是，
> 随便趴在粗糙的石头上，
> 孩子的手也可轻松捡起来。
> 但当小手靠近时，
> 出于本能的恐惧让它的腕足迅速收缩，
> 紧紧贴住石头，
> 仿佛石头与它的身体已经融为一体。

即使是最强壮的手臂，

也难把它从石头上掰下来，

它深爱着石头，

纵死也不会放弃，

如此小巧简单的贝壳中，

竟然隐藏着如此巨大的力量。

"你曾经吃过帽贝吗，爸爸？"威利问。

没有，我从来没想过要吃这种动物。我想它们的肉应该非常粗糙。英国北部的原始居民应该吃掉了大量的帽贝，因为那里经常发掘出成堆的帽贝壳。

格温·杰弗里先生说："烤帽贝是难得的美味。几年前，我曾作为宾客出席在一座名叫赫姆的小岛上举办的宴会。那次宴会的用餐时间定得真是非常不合适——下午1点，菜品也是

帽贝

摆在露天的草坪上。菜点里除了面包黄油外，还有一道菜是烤帽贝。当时，那些帽贝仍然附着在石头上。到了开饭前20分钟，主人在附着帽贝的石头周围堆起了干草，然后把干草点燃。一同用餐的除了我，还有三个人和一只牧羊犬，我们围着那块被烤得漆黑的石头坐下来，品尝这道美味，不一会儿，石板上就留下了数百只空帽贝壳。"

玉黍螺和贻贝

　　"噢，爸爸！"威利大声说，"快过来，我在翻这些石头的时候抓住了这只螃蟹，它的背上有几只牡蛎。"

　　事实上，牡蛎和贻贝寄生在螃蟹及其他甲壳类动物身体上的情况并不罕见。我要说的是，这些牡蛎中有些已经长了三四年了，当它们还是蚝卵时就附着在这只螃蟹身上，此后从未离开过。这只螃蟹的螯又细又小，无疑它是一只体弱多病的个体，我想其中的原因正是因为这些牡蛎的存在。

　　你们应该还记得，我曾经告诉过你们，螃蟹每年都会蜕壳，但这只螃蟹显然有好几年都没有蜕壳了。说到牡蛎卵，让我想起了一种人工养殖牡蛎的方法，有一段时间这种方法在法国得到广泛的采用。人们把木柴捆成柴笼，然后系上石头沉到水下。当幼牡蛎生长到准备"定居"的时候，它们就会附着在这些柴笼上，等它们长到可以上市销售时人们再把柴笼捞起来。不过，我认为现在用柴笼养殖牡蛎已经很少见了，人们用各种形状的瓦片替代了柴笼。

这片岩藻上有几个玉黍螺正在爬动，我们带几个回住处观察。玉黍螺对海洋水族箱很有价值，因为它能够用长长的锉刀状舌头把丝状绿藻给吃掉。

"它是人们常吃的那种海螺吗？"杰克问。

是的，在海港城市，一部分人主要以玉黍螺为食，他们吃掉了不计其

玉黍螺

数的玉黍螺。或许，你们曾经看到过某位老妇人用大头针在撬玉黍螺的肉吃，看她的样子吃得津津有味。在 3 月到 8 月的这半年时间里，人们对玉黍螺每周的需求量约为 2000 蒲式耳（1 蒲式耳约为 27.2 千克），在其余时间里每周的需求量约为 500 蒲式耳。

在采集玉黍螺时，至少有 1000 人参加，在销售时动用的人手也几乎与此相当。玉黍螺的最佳采集场地是在苏格兰、奥克尼群岛、设得兰群岛以及爱尔兰的沿海地区，交易价从每蒲式耳 2 先令到 8 先令不等，总之，个头越大的玉黍螺价格也越高。从岩石上采集来的玉黍螺在夏季可以保存两周，在冬季可以保存一个月。同样条件下，泥螺存活的时间还没有岩螺存活时间的一半长。"

仔细检查海藻通常都可以发现最美丽的软体动物。丁尼生曾用一些非常优美的诗句描绘了一只精致的贝壳。你们可以试着把这些诗句记在心里：

看，多么可爱的贝壳，
像珍珠一样洁白无瑕，
它们紧紧依偎在我的脚边。
脆弱，却是神圣的作品，
形态优美，巧夺天工，
螺尖镌刻着细腻的螺纹，
多么精美而纤细，
宛如天造地设！

那是什么？有学问的人
给它取一个拙劣的名字。
谁能取就让谁取去吧，
它的美将永不会改变。

细小的贝壳已被遗弃，
曾经拖着它在沙滩上缓缓移动的
小小生命早已离去。
它是否站在彩虹家的钻石门边？
当它没有卷曲时，

是否移动它那金色的脚或魔法细角

去探索它未知的海底世界？

脆弱，经不起我的手指碾压，

小巧，却是神圣的作品，

细微，也能经风历雨，

年复一年，

经受惊涛骇浪的洗礼，

那使三层楼高的甲板桅杆瞬间折断，

使坚不可摧的岩架轰然塌陷的海浪，

也会在布列塔尼贝壳面前止步！

  这是一处小小的贻贝层。你们看，这些软体动物你挨着我，我挨着你，每一只都由一种叫作足丝的物质固定起来。我要打开这只贝壳，看，这个肉乎乎的舌头状器官就是这只动物的足，它可以牢牢地吸附到任何东西上。

贻贝

  足丝很可能是由足上的分泌物形成的。最初，它只是由一种白色的透明分泌物形成的一个斑点，这种分泌物很快就会硬化成像中国陶瓷那样的小板。这块小板为贻贝提供了一处附着的地方，贻贝从这块板的中心处非常缓慢地朝后分泌一种胶状丝线，这一过程以圆周的方向重复 10 到 12 次。这些胶状丝线在 24 小时到 36 小时内会变成牛角的颜色，不同种类的贻贝的丝线在外形及质地方面有很大的差异，有时候像贻贝一样黑，有时候像耳廓一样呈金棕色，有时候又硬又直，有时候又如丝般顺滑。

从远古时代起，贻贝就是人们非常喜爱的一种食物，不过，在某些季节里食用贻贝对身体有害，由食用贻贝导致的致人罹患重病甚至死亡的事件也屡有发生。

格温·杰弗里先生说："人们对贻贝的毒性几乎一无所知。有些人把这种毒性归因于贻贝生活在腐烂物之中，比如在码头及公共下水道出口附近；有些人认为这种毒性源自贻贝食用的海星卵，众所周知，海星卵是有毒性的；有些人认为食客中毒主要是食用了过多的贻贝所致，导致体内消化系统出现病变；还有少数人则认为这种毒性是源自贻贝的身体组织里含有大量的铜溶液。而德尔·恰杰则有证据证明，导致许多食客中毒的贻贝都正处于产卵期，因此食用处于产卵期的贻贝是危险的。关于贻贝的毒性，曾经流行着这样一种奇怪的说法，那些可怜的小豌豆蟹才是所有这些疾病的罪魁祸首。"

多年以前，在兰开夏郡，贻贝曾被收集起来制成肥料撒在田间。有一位作家在他的书中写道，贻贝壳可以用来当剃须刀使用！据说，在比迪福德，人们用贻贝的丝足连接桥上的石头来修复受损的桥梁。人们把贻贝填塞进桥梁的缝隙中，依靠它们那强有力的丝足固定这些结构，防止其被海浪冲走。

"爸爸，你快过来看，这里有一些外形怪异的动物，"梅说，"我一点儿也不想触摸它们。"

这是一种软体动物，通常被称为海兔。它们真是一种奇怪的生物！正如 G. H. 刘易斯先生在他那本有趣的《海滨研究》中所说的那样："人们常把海兔看成经历了荒谬的反复无常的变态过程的蛞蝓。他们认为起先蛞蝓打算变成兔子，然而在变化过程中又改变了主意，想要变成骆驼，

海兔

在驼峰完全成形前它们又改变了主意，觉得生命的最高追求就是做一只蛞蝓，因此它们又变回了蛞蝓。"

你们看，当我摆弄这只海兔的时候，它分泌出了很多紫色液体。虽然这种动物对人完全无害，但人们一直认为它是一种毒性很强的动物。海兔的舌头和上下颚在显微镜下看起来非常漂亮。等回家后，我再展示给你们看。

到现在为止，我们的最后一次海边漫步也就结束了。明天，我们将返回普雷斯顿。海边清爽的空气让我们的手

脚充满了力量，全身都焕发出蓬勃活力。我希望你们在观察我们周遭的形态各异的植物和动物——不论是在乡间还是在海边——都要睁大你们的眼睛。

有一句话说得很好："纯粹的娱乐也可以引领我们进入哲学的神圣殿堂。"一个真正的博物学家，他可能会沉迷于简单观察的魅力；他可能会研究动物的习性及栖息地，并以他们的方式对之做出道德上的评价；他可能会把它们当作辛苦研究的起点；他可能会把新观察到的事实提升到最高的思辨境界。不论是到大自然中的美丽角落去收集各种标本，还是花费大量的时间静静地观察自己宠爱的动植物，也无论把研究自然史当成一种纯粹的消遣，还是当成娱乐和工作的结合，他都可以得到极大的欢乐。在我们回去之前，让我们再看看眼前的大海吧。

美丽，伟岸又崇高，

温柔，壮观又毫无拘束，

漫长的时间已经证明，

它本身就是胜利者，

这是它永恒的形象。

这就是你，了不起的大海！

那些已被你的魅力深深折服的人，

他们有谁不会感慨地说：

大自然是何等伟大！